防灾避险丛书

泥石流

赵鹏飞 李吉奎 编著

南京出版传媒集团
南京出版社

图书在版编目（CIP）数据

泥石流 / 赵鹏飞，李吉奎编著． — 南京：南京出版社，2016.5
　　（防灾避险丛书）
　　ISBN 978-7-5533-1109-8

Ⅰ．①泥… Ⅱ．①赵… ②李… Ⅲ．①泥石流—灾害防治—青少年读物②泥石流—自救互救—青少年读物Ⅳ．① P642.23-49

中国版本图书馆 CIP 数据核字（2015）第 266359 号

丛 书 名：防灾避险丛书
书　　名：泥石流
作　　者：赵鹏飞　李吉奎
出版发行：南京出版传媒集团
　　　　　南 京 出 版 社
社　　址：南京市太平门街 53 号　　邮　　编：210016
网　　址：http://www.njcbs.cn　　电子信箱：njcbs1988@163.com
天猫 1 店：https://njcbcmjtts.tmall.com
天猫 2 店：https://nanjingchubanshets.tmall.com
联系电话：025-83283893、83283864（营销）　025-83112257（编务）

出 版 人：朱同芳
出 品 人：卢海鸣
责任编辑：徐　智
装帧设计：睿通文化
责任印制：杨福彬

印　　刷：唐山新苑印务有限公司
开　　本：787 毫米 ×1092 毫米　1/16
印　　张：10
字　　数：150 千字
版　　次：2016 年 5 月第 1 版
印　　次：2018 年 9 月第 3 次印刷
书　　号：ISBN 978-7-5533-1109-8
定　　价：29.80 元

天猫 1 店　　　天猫 2 店

营销分类：科普　防灾

前 言

　　泥石流是一种常见的山区地质灾害，在全球范围内时有发生。

　　尤其是近年来，我国泥石流灾害频发，且规模及受灾程度日趋严重，如1979年四川雅安146人丧生于泥石流；1984年四川南坪县城区关庙沟、叭啦沟暴发泥石流，伤亡25人，等等。这些都是由于随着经济发展，城镇与交通建设不断向山区延伸，却不注重生态环境保护造成的。

　　为此，只有增强防灾避险意识，使人们掌握自救的基本常识、专业知识和技能技巧，才能把灾害造成的损失减少到最低程度。

　　鉴于此，本书详细介绍了泥石流的基本知识以及遭遇泥石流如何自救等内容，旨在帮助人们及时发现险情，学会保护和拯救自己。

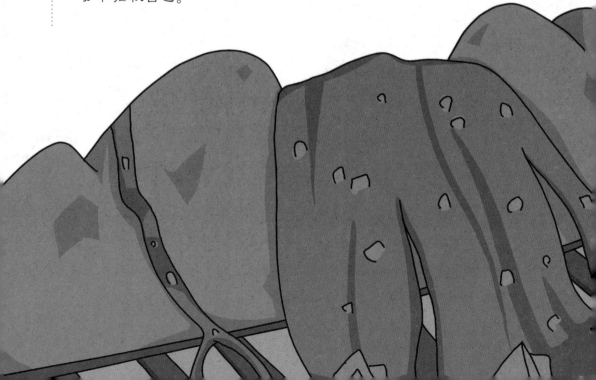

目录 CONTENTS

第一章
什么是泥石流

　　泥石流是一股泥石洪流，含有大量泥沙和石块，瞬间暴发，经常发生在峡谷和地震、火山多发的地区。

　　泥石流是我国山区最严重的自然灾害之一。在我国西部山区，已查明的泥石流沟就多达15 797条，其中的大多数分布在西藏、四川、云南、甘肃。那么，泥石流是怎么回事？又有哪些特点？我们在这一章中将详细介绍。

1.你知道泥石流的定义吗

泥石流是一种十分常见的地质灾害，犹如一条潜伏在山区的"恶龙"，转瞬喷发，顷刻之间毁灭前进道路上的一切。

泥石流是山区最为严重的自然灾害之一。在我国的某些地方，泥石流被称作"沙坝"或"滩地"。

古时候，由于缺乏科学知识，一些地方的老百姓把泥石流看做力大无比、不可驯服的"神龙"，是住在深山里的"神仙"显圣，于是出现了诸如"野猪龙""母猪龙""稀屎龙""龙扒"等敬畏、咒骂和神秘的说法。当泥石流发生时，一些人甚至对它作出虔诚的祈祷。

其实，泥石流不过是一种普通的自然现象，没有什么神秘可言。经过科学家们的长期研究，蒙在泥石流身上的神秘面纱已经完全被揭开了。

泥石流是山区或其他沟谷深壑、地形险峻的地区，因为暴雨、暴雪或其他自然灾害引发的山体滑坡并携带有大量泥沙及石块的特殊洪流。

泥石流的特征是暴发突然，浑浊的流水夹杂着泥沙、石块以及其他固体碎屑沿着陡峻的山沟前推后拥、奔腾咆哮而下，地面为此发生震动，山谷因此而发出轰鸣。

2.泥石流是由哪些物质组成的

　　泥石流主要由水和固体颗粒组成，所以泥石流属于一种典型的由固体和液体两种物质组成的流体。

　　泥石流中固体物质占总体积的30%~70%。这些固体物质大小各异，较大的石块直径在10米以上，最小的泥沙颗粒直径只有0.01毫米。

　　此外，泥石流中固体物质的体积比例也有很大变化。小规模的泥石流，固体物质可能只占总体积的20%，而大规模的泥石流中固体物质可达80%，所以泥石流的密度能够达到每立方米1.3~2.3吨。

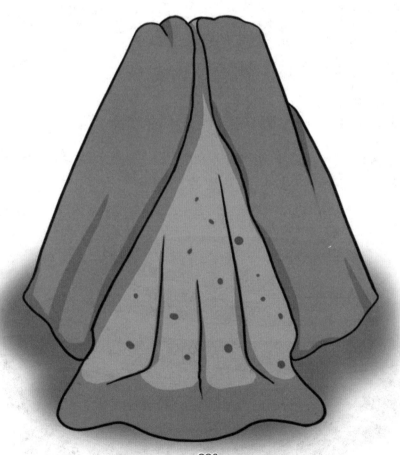

3.泥石流是怎样分类的

同其他任何事物一样，泥石流也有自己的不同类型，主要可以按照以下分类方式来区分。

按物质组成分类

按物质组成分类，泥石流可以分为泥石流、泥流、水石流等。

由大量黏性土和大小不同的砂粒、石块组成的是泥石流。这类泥石流主要发生在我国的广大山区，尤其是西南山区。

以黏性土为主，黏度大，含有少量砂粒和石块，呈稠泥状的是泥流。这类泥石流主要分布在我国西北地区广大的黄土高原，那里由于缺乏粗粒砾石，所以发生的泥石流一般都是泥流或者含沙水流。

由水和大小不等的砂粒、石块组成的是水石流。这类泥石流主要分布在我国陕西华山一带，主要发育在风化不严重的灰岩、火山岩、花岗岩等基岩石区。

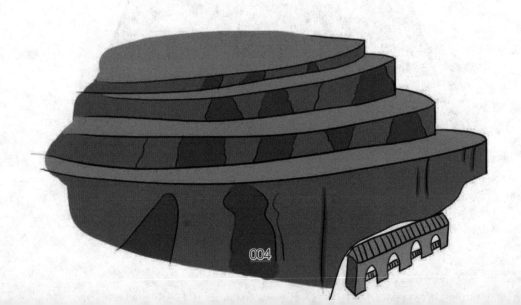

按物质状态分类

按物质状态分类，泥石流可以分为黏性泥石流、稀性泥石流和过渡性泥石流。

黏性泥石流含有大量黏性土，它的特征是黏性大，固体物质占40%～60%，最高达80%。在这里，水不是搬运介质，而是组成物质，稠度较大，石块呈悬浮状态，暴发突然，持续时间短，破坏力大。

稀性泥石流的主要成分是水，黏性土含量较少，固体物质占10%～40%，有很大的分散性。在这里，水是搬运介质，石块以滚动或跳跃式移动的方式前进，具有强烈的向下切割的作用。稀性泥石流的堆积物在堆积区通常呈扇状散流，堆积后的表面形态类似于"石海"。

过渡性泥石流由大量黏性土和不同颗粒的砂粒、石块组成，"泥"和"石"比例较为均衡。

黏性泥石流

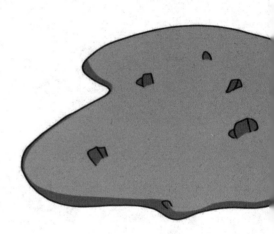

稀性泥石流

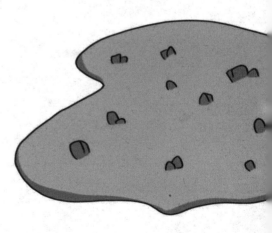

过渡性泥石流

按形成原因分类

按形成原因分类，泥石流可分为冰川型泥石流和降雨型泥石流。

冰川型泥石流是由冰雪融水或者冰湖溃决后洪水冲蚀形成的，含有大量的泥沙和石块。它主要发源于高寒山区，出现在现代冰川和积雪边缘带。

降雨型泥石流是指在冰川地区以外，以降雨为水体来源，以不同的松散堆积物为固体物质来源的一种泥石流，它是世界上分布最广泛的一类泥石流。

按地貌特征分类

按地貌特征分类，泥石流可分为标准型泥石流、河谷型泥石流和坡面型泥石流。

标准型泥石流是典型的泥石流，其流域以扇形状呈现，流域面积比较大，能很明显地划分出形成区、流通区和堆积区。

河谷型泥石流，其流域以狭长条形呈现，它的形成区多是河流上游的沟谷，固体物质来源分散，沟谷中有时常年有水，所以水资源丰富，流通区与堆积区往往区分不是很明显。

坡面型泥石流，其流域以斗状形态出现，面积一般小于1平方千米，没有明显的流通区，形成区和堆积区直接相连。

按发展历史分类

按发展历史分类，泥石流可以分为现代泥石流、老泥石流和古泥石流。

现代泥石流是指随着人类活动的出现而出现，到现在仍然继续活动的泥石流。

老泥石流是指进入人类活动以来曾经出现过，到现在已经停止活动的泥石流。

古泥石流是指在地质历史上曾经出现，到现在早已不存在的泥石流。

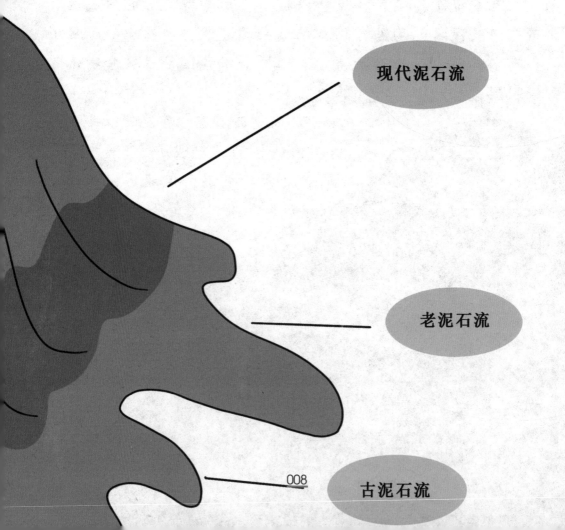

现代泥石流

老泥石流

古泥石流

按发育阶段分类

按发育阶段分类，泥石流可以分为幼年期泥石流、壮年期泥石流和老年期泥石流。

幼年期泥石流是指在发育初期，上游侵蚀还不太明显，但有小规模的不良地质过程，沟道和沉积扇不明显，有零星的泥石流沉积物。

壮年期泥石流处在泥石流发育的旺盛时期，上游侵蚀明显，各种不良的地质过程开始发育，沟道和冲击扇上有明显的泥石流沉积物，并且有多条流路通过，冲积扇上只有稀疏的杂草，没有灌丛和树林。

老年期泥石流，上游的侵蚀已经发展到了分水岭，并且有坚硬的基岩显露出来，侵蚀沟两侧杂草丛生，沟道内由于泥石流沉积物的下切出现层层台阶，冲积扇扇面有灌木和树木生长。

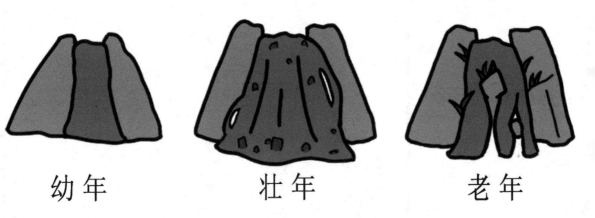

幼年　　　　　壮年　　　　　老年

按发生频率分类

按发生频率分类，泥石流可以分为高频率泥石流、中频率泥石流和低频率泥石流。

高频率泥石流是指一年暴发多次或几年暴发一次的泥石流，这类泥石流主要分布在我国的甘肃、云南等地。

中频率泥石流是指十几年到几十年暴发一次的泥石流，这类泥石流在我国和日本分布比较普遍。

低频率泥石流一般是百年甚至几百年才发生一次的泥石流，这类泥石流多发生在山区的大坡度溪沟中，是非常少见的，但这种泥石流的出现往往会给人类造成极其严重的人员伤亡和财产损失。因为人们对它警惕性不高，常常把它发育的沟谷当作一般的洪水沟看待，所以在沟谷堆积扇上修建了大量的房屋和其他设施；有时候为了获得更多的土地，人们甚至将沟槽压缩，靠近沟边进行建设。这样，一旦大规模的泥石流发生，就会造成巨大的损失。

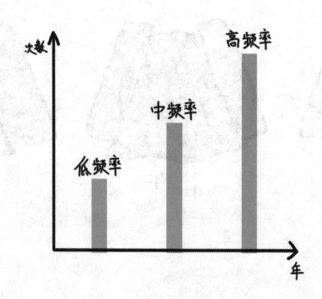

按力源条件分类

按力源条件分类，泥石流可以分为土力类泥石流和水力类泥石流。

土力类泥石流主要是以土石体的滑动、错落、崩塌和坠落为动力，由土石体转化而形成的。

水力类泥石流通常是由特大洪水冲刷河床而形成的。

按运动流态分类

按运动流态分类，泥石流可以分为紊流型泥石流、层流型泥石流和蠕流型泥石流。

紊流形态运动的泥石流体又可以分为两个部分：浆体和固体。细颗粒和作为输送介质的水组成浆体，粗颗粒作为被输送物质。这种泥石流一般浆体较稀，或沟道比降大而导致流动湍急，浆体中石块相互撞击、摩擦，发出巨大的轰鸣声。

层流型泥石流流体中除漂石外，石块和浆体的速度一样，浪头有紊动现象，后面的流面光滑平顺，层间则出现摩擦，流线受到干扰，石块略有转动。

蠕流型泥石流中所有的粗颗粒物质紧密镶嵌排列，粒间浆液粘滞力很强，结构在流动时不会受到破坏，没有层间交换，但速度很慢，像蟒蛇似的蠕动。

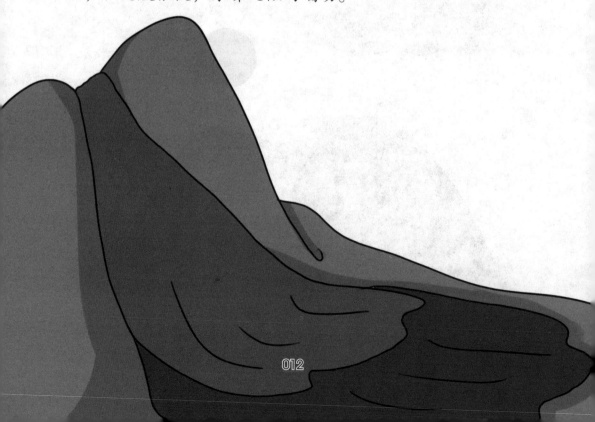

按运动流型分类

按运动流型分类，可以分为连续型泥石流和阵流型泥石流。

连续型泥石流从开始到结束都是一个连续过程，中间没有断流，它的过程线是连续的，只有一个高峰，中间有时会有一定的波状起伏或不规则的阶梯出现。

阵流型泥石流是泥石流运动过程中的一大特点，两阵流间有断流，过程线是锯齿状的。

除以上分类方法之外，还有多种分类方法，但都没有一个严格的标准和界限。

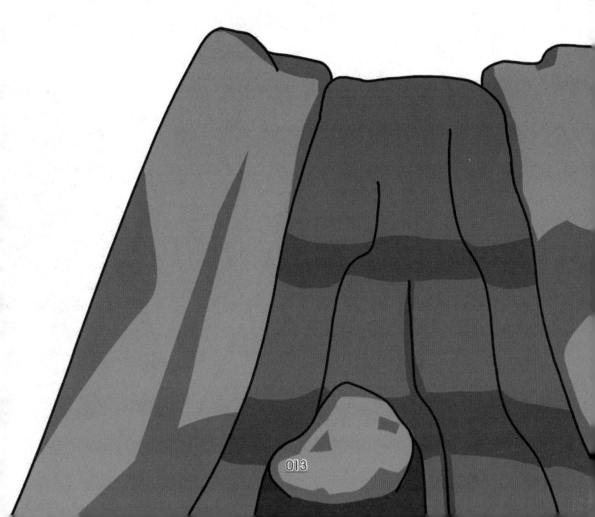

4.泥石流与滑坡、崩塌有何关系

　　泥石流、滑坡、崩塌是山区常见的自然地质现象。泥石流是指连续降雨时期，山区沟谷中由水流挟带大量泥沙、石块等固体物质组成的特殊洪流。

　　滑坡是指山坡上的山石（土）由于各种原因在重力作用下整体向下滑动的现象。

　　崩塌是指高陡山坡上的山石（土）开裂后滚落下来的现象。

　　崩塌没有滑面，是垂直向下塌落，比滑坡来得更剧烈、更短促。滑坡有一个滑面，滑坡体沿滑面向下有一定角度下滑。泥石流则是水和石块、泥沙等物质沿着已经存在的沟向下快速流动。

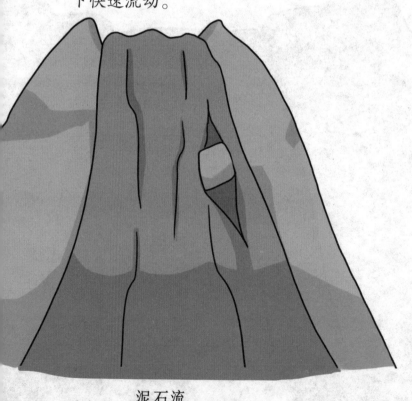

泥石流

滑坡

泥石流与滑坡、崩塌三者除了相互区别外，还相互联系、相互转化，有着密不可分的联系。

容易发生滑坡、崩塌的地区也比较容易发生泥石流，只是泥石流的暴发多了一项必不可少的水源条件。崩塌和滑坡的物质也经常是泥石流的重要固体物质来源。滑坡、崩塌还常常在运动过程中直接转化为泥石流，或者滑坡、崩塌发生一段时间后，其堆积物在一定的水源条件下生成泥石流。也就是说，泥石流是滑坡和崩塌的次生灾害。泥石流与滑坡、崩塌有着许多相同的促发因素。

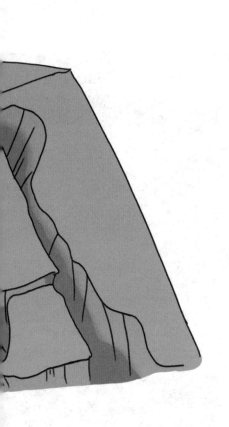

崩塌

5.泥石流与其他自然灾害有何不同

泥石流与其他自然灾害，有三大明显区别：

能量来源不同

火山、地震、海啸等自然灾害缘于地球内部，气象、空间灾害缘于太阳，泥石流灾害缘于地球的重力势能。造成泥石流的根本原因是地球重力。当某些外界因素发生某些变化，达到滑动和泥石流的发生条件时，长期积累的重力势能会一触即发，释放出来。除了地震，能够触发泥石流的主要原因有两个：一是降水的作用，一是人类不合理的经济活动。由于能量来源不同，治理、减轻泥石流灾害的方法也与其他灾害有所不同。

外部因素

重力势能

规模不同

　　虽然泥石流涉及范围广，发生频度高，但它的一次性规模远远小于地震等其他灾害。而且由于它是发生在地表的地质现象，便于观察，所以通过人们的长期观测，能很好地预测预报，为泥石流的防护和治理提供了有利条件，这是其他灾害所不具备的。

泥石流灾害所危害的群体不同

泥石流造成的人员伤亡中，农村人口占到了总数的80%以上。泥石流多发区多分布在农村，由于科学知识不够普及，发生灾害的原因大多是因为选址不当，把房屋建在了泥石流沟附近，建到了不稳定的滑坡体上；或者在危险的斜坡、沟谷中随意切坡开挖、弃土堵沟、改变河道、修建池塘等，这些人为不合理的工程活动为引发地质灾害留下了巨大的隐患。所以，山区农村是泥石流灾害减灾防灾的重点。

第二章
泥石流是怎么形成的

　　泥石流是携带着岩石、黏土和其他碎屑物而快速运动的特殊洪流。它的初始动力是由于暴雨或快速融雪而形成的水流，这种水流使饱和的土层变成了含有岩石和泥沙的混合水流。

　　泥石流的暴发非常迅速，威力也十分惊人。它发生时，往往山谷轰鸣、地面震动，浓稠的流体汹涌澎湃，沿着山谷或坡面顺势而下，冲向山外或坡脚。下泄速度慢者可达每小时5千米，有时可达每小时80千米。它可以高速奔袭数千米，并且在向低处流动时卷入树木、岩石、建筑物、汽车和其他材料而不断增大体积，一般情况下具有极大的破坏力。

　　泥石流发生时有一定的规律可循，并且它的发生有各方面的原因和条件，了解这些常识对我们很好地预防泥石流具有极其重要的作用。

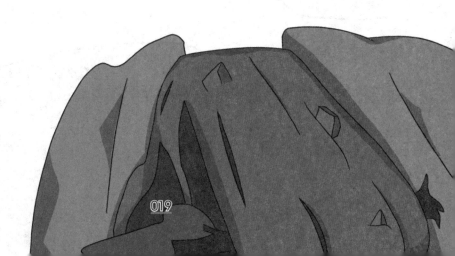

1.泥石流是怎样形成的

　　泥石流是山区汛期常见的一种严重的水土流失现象。一些山区河流在汛期，由于暴雨或者其他水动力如溃坝、冰川融雪等作用于流域内不稳定的地表松散土体上，导致松散土体滑动参与洪流运动，造成水和泥沙在流域内形成两种混流现象。这两种混流现象分别是水的汇流和泥沙的汇流，两种不同的物质在共同的流动空间内混合形成一种特殊的水沙混合输移现象。当这种特殊流体中的含沙量超过某一限定值后，因为自身流动特性的变化而形成的一种特殊洪流就是泥石流。

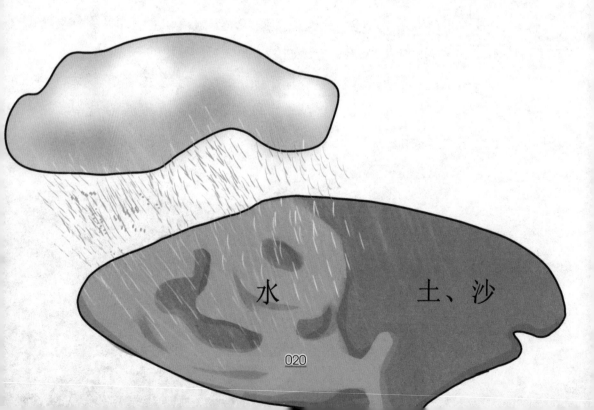

水　　　　土、沙

2.泥石流的形成需要具备哪些条件

　　泥石流是物质和能量逐渐积累和快速释放的过程,它的形成不是自然发生的,必须具备三个基本条件:一是地形条件;二是固体碎屑物质的储供条件;三是水分条件。

　　在形成泥石流的过程中,这三个条件缺一不可,不能彼此替代。但具备这三个条件也不一定就会发生泥石流,还必须有一定的激发条件,如暴雨、滑坡、地震、冰雪暴融等。

地形条件

地形条件是泥石流形成的空间条件，对泥石流的制约作用非常明显。它主要表现在地形形态和坡度是否有利于积蓄松散的固体物质，以及能否汇集大量的水源并快速流动。

泥石流沟的沟底坡度是流体能量存储的重要条件，对泥石流的形成和运动有着极其重要的意义。在坡度较大的沟床条件下，流域汇集的水流和形成的泥石流运动速度非常快，对沟床的掏刷极其强烈。

固体碎屑物质的储供条件

泥石流常发生在地质构造复杂、岩石风化破碎、新构造活动强烈、地震频发、崩塌和滑坡灾害多发的地段。在这样的地段，地表岩石破碎以及崩塌、滑坡等不良地质现象的出现，为泥石流的形成提供了丰富的固体物质来源。

岩层结构松散、易于风化、有裂缝出现或软硬相间成层的地区，因为容易受到破坏，也为泥石流的发生提供了丰富的物质来源。

一些人类活动，如滥伐森林、过度放牧、开山采矿、采石弃渣等，往往也为泥石流的发生提供大量的物质来源。

水分条件

在我国，绝大部分泥石流的发生都是由于暴雨激发而引起的。水不仅是泥石流的重要组成部分，还是泥石流的激发条件和搬运介质。

水在泥石流的暴发中有两种作用：一是使固体物质滚落到泥石流沟，形成固体物质富集；二是使固体物质饱水液化，最终暴发为泥石流。

形成泥石流的水源主要有大气降水、冰雪融水、水库溃决水及地表水等。

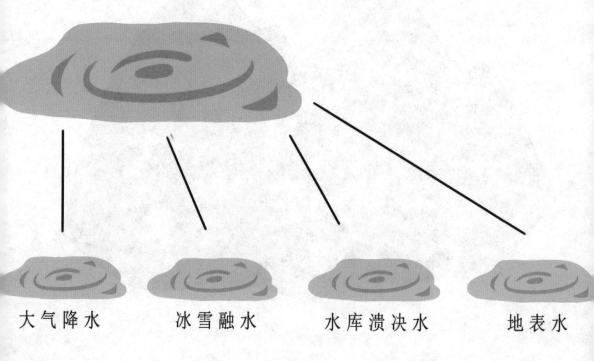

大气降水　　　冰雪融水　　　水库溃决水　　　地表水

激发条件

同一地质、地形条件下，降水情形是引起泥石流暴发与否和规模大小的最活跃条件。然而，不同成因类型的泥石流需要不同的激发条件。

暴雨或大暴雨的激发常常引起雨水泥石流；连续多天高温会使冰雪大量消融，激发冰雪消融泥石流；沟蚀泥石流需要足够达到暴雨，径流才能起动。

这些暴雨、气温和径流都有数量界限，也就是通常所说的临界值，达到或超过临界值，泥石流就将发生或大量发生。

3.泥石流的诱发因素

　　由于工农业生产的发展，人类对自然资源的开发程度和规模也在不断发展。当人类经济活动违反自然规律时，必然会引起大自然的报复。因此，有些泥石流的发生除了自然因素外，还有人类的不合理活动引发的。

自然因素

　　岩石的风化是一种自然形态，是在大自然固有因素影响下岩石发生质变的过程。在风化过程中，既有氧气、二氧化碳等物质对岩石的分解，也有因为降水时岩石自身吸收了空气中的酸性物质而导致的分解，还有地表植被分泌的物质对土壤下的岩石层的分解，再有就是霜冻使土壤形成冻结及溶解之后造成的土壤松动。这些原因都能造成土壤层的增厚和土壤层的松动，再加上暴雨、水库溃决或者冰川融水等，容易导致泥石流的发生。

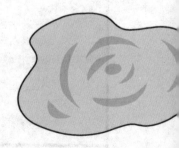

人为因素

滥伐森林。森林具有水源涵养、水土保持和防护等作用，在树木较少的山区，森林的防护与保水固土的作用更加明显。

森林虽然可以采伐，但要视情况而定，要采取合适的采伐方式，并且适量，不能乱砍滥伐，否则会使整个森林生态系统遭到破坏乃至毁灭。如四川省岷江上游的森林资源极为丰富，是四川西北部主要林业区，新中国成立以来，尤其是20世纪50年代的大规模采伐，使森林覆盖率锐减。由于过度砍伐森林，使得坡面裸露，地表风化侵蚀作用增强，形成冲沟，造成山体不稳而导致泥石流时常发生。

开荒与陡坡耕作。由于我国人口众多，工矿、道路、城镇、农田的水利建设等不断占用耕地，人均耕地面积不断减少。山区人民为了满足自身需求，不断向山坡扩展耕作面积，先缓坡后陡坡。而这些耕地既无地埂，又年年翻耕，表土松动，因此一遇暴雨，沙石俱下，汇集而成泥石流。如四川攀西地区随着人口增长带来的粮食问题，靠毁林开荒、陡坡垦殖来解决，加上传统落后的耕作方式，毁林、毁灌，从而破坏山地植被。

过度放牧。我国山区草坡一般分布在山坡等地的林间、林下地段，有些位于山地陡坡的土层较薄，这些地方一旦过度放牧，便可迅速出现草场退化。草场退化可发展为裸露地或裸岩地，在一定条件下，山坡裸露地往往变成泥石流源地。

水库溃决、渠水渗漏。随着山区资源开发，山区水库和渠道越来越多地修建。在储存和流动中，这些水体均有不同程度的渗漏。当渗漏超过始发临界值时，便可暴发为泥石流。

不合理开挖。主要是指在山区中修建铁路、公路、水利

工程等基础设施建设及采石采矿施工中的不合理开挖。有些泥石流就是由于在修建公路、水渠、铁路或者其他建筑活动时挖方或填方，破坏了山坡的地表形态而形成的。如云南省东川至昆明公路的老干沟，因为修建公路和水渠，致使山体遭到破坏，而1966年犀牛山地震又导致崩塌和滑坡的发生，使泥石流更加严重。

不合理的弃土、弃渣、采石。采石采矿后弃渣的不合理堆放，也会导致泥石流暴发成灾，因为这类固体物质松散，很容易被侵蚀或暴雨径流冲走导致灾害发生。例如成昆线沙湾车站由于大渡河钢厂采矿弃渣及铁路采石场碎渣堆积在沟口和斜坡上，1967年、1977年、1980年雨季先后5次出现泥石流灾害。又如四川省冕宁县泸沽铁矿汉罗沟因为不合理地堆放弃土、矿渣，导致在1972年的一场大暴雨中暴发了矿山泥石流，冲出约10万立方米的松散固体物质，使300米成昆铁路和250米喜（德）西（昌）公路被淤埋，给交通运输带来严重影响。

4.认识泥石流地貌

泥石流地貌一般可以划分为形成区、流通区和堆积区三部分。

形成区

泥石流形成区包括汇水动力区和固体物质补给区。

形成区的地形特征是对泥石流进行评价的重要标志。形成区呈树冠状，有利于地表径流和固体物质的聚集；形成区呈羽毛状，汇流时间长；形成区坡面多、山坡陡、沟壑密度大，则集流快，泥石流迅猛强烈，反之则集流缓慢，泥石流较弱。

固体物质补给区坡面呈凸形，它的冲蚀力大于凹形坡。固体物质补给区不断扩大，标志着泥石流在发展；补给区不断缩小，则表示泥石流趋向衰退。泥石流产生在固体物质补给区上游时，泥石流流量大；汇水动力区和固体物质补给区重叠时，泥石流流量小；水源在固体物质补给区下游时，泥石流甚至不会发生。固体物质补给区集中在下游或沟口时，很容易被上游水源一次性搬出，所以泥石流冲出的力量也强；反之，不易被一次搬出，泥石流流量小，力量弱。

形成区

流通区

泥石流沟谷的中下游，是泥石流的流通区。流通区纵坡的陡、缓、曲、直和长、短，对泥石流的强度影响较大。当纵坡陡而顺直时，泥石流流动通畅，势力强；相反，如果纵坡缓且弯曲，则泥石流容易受到堵塞而产生漫流、改道和淤积的现象。一般的泥石流沟槽多属于峡谷地形，比较顺直、稳定，沟槽坡度较大。有的流通区与形成区、堆积区相互穿插，形成宽窄相间的串珠状河段。

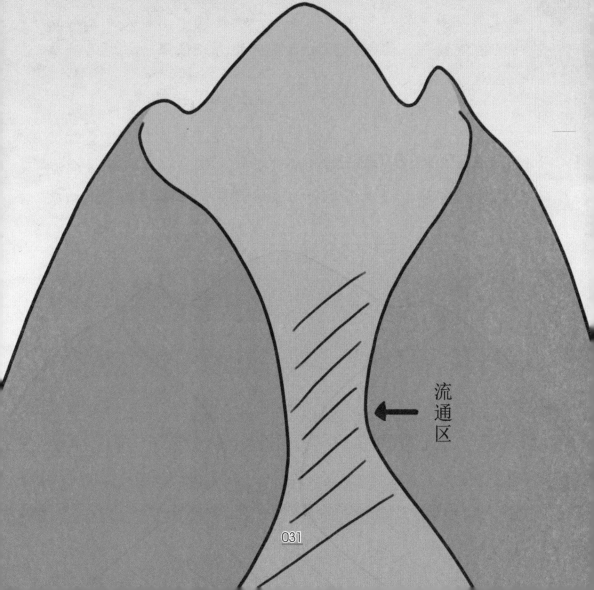

流通区

堆积区

泥石流堆积区是泥石流固体物质的停积场所，一般位于山口外或山间盆地边缘、地形较为平缓的地方，呈扇形、锥形或带形，表面经常有大小石块混杂堆积，地面垄岗起伏，凹凸不平。有些泥石流沟谷的中下游，坡缓槽宽，呈葫芦形或喇叭形，也可成为堆积区。由于山前阶地比较宽阔，所以山前区泥石流的堆积扇往往发育完整。而山区泥石流的堆积区受到主河流水切割，堆积扇不能充分发育，常常不完整。山坡型泥石流的堆积体近似锥体，规模较小，当泥石流沟陡峻、能直接泻入主河，而主河搬运能力又很强时，泥石流堆积区就可能缺失。

泥石流堆积扇的横断面常呈轴部隆起、两翼低洼的拱形，沟槽经常摆动，普遍漫流淤积。当泥石流发展旺盛时，扇顶的流速、淤积速度和厚度常大于扇缘，促使堆积区向流通区延伸扩展。当泥石流转为衰退期后，在堆积扇上下切成比较稳定的沟槽。

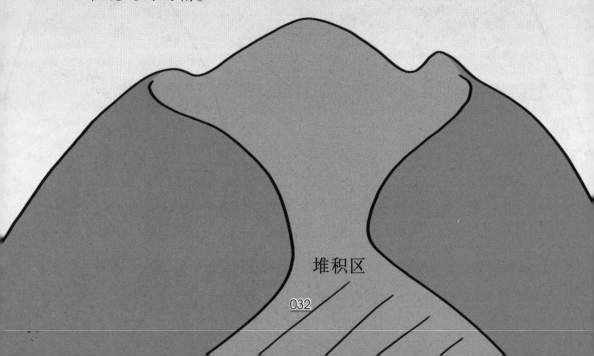

堆积区

5.我国泥石流的分布有哪些特点

我国特殊的地质环境对泥石流的形成和发展非常有利。与其他国家相比，我国泥石流的分布具有以下特征。

分布广泛

从东北的大兴安岭、小兴安岭到南方的海南岛山地，从西部的帕米尔到东南沿海山地以至台湾山地，都有泥石流活动。也就是说，在我国各气候带和各海拔高度带都有泥石流发育，历史上和现在都不同程度地给人类带来灾难。

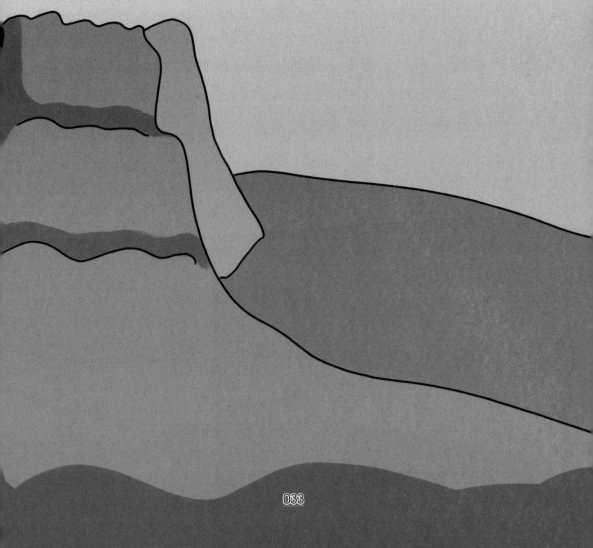

类型齐全

我国山地环境各异，人类生产活动的影响也各不相同，因此形成了类型繁多的泥石流。

活动频繁

青藏高原边缘山区和西南山区是我国泥石流最发育、活动最频繁的地区。

例如，西藏波密地区古乡沟冰川泥石流自1953年复活以来，已经连续活动了30余年，每年夏秋季节都频频发生，少则几次、十几次，多则几十次甚至上百次。

又如，云南东北部的小江沟流域是我国泥石流的一个活动中心，有70多条泥石流沟。其中的蒋家沟，每年雨季都会多次暴发泥石流，一次泥石流过程可出现几十至上百阵性流，是一条典型的黏性阵性泥石流。

灾害严重

　　我国泥石流灾害遍及23个省、市、自治区，是世界上泥石流灾害最严重的国家之一。全国有近百座县城受到泥石流的危害，如西藏的波密、林芝、易贡等，四川的康定、雅安、南坪、宝兴、宁南等，云南的东川、个旧等，甘肃的兰州、武都、临夏等，青海的西宁、湟源等，都不同程度地遭受过泥石流的突然袭击。

6.泥石流在我国呈现怎样的分布规律

我国泥石流的分布，明显受地形、地质和降水条件的影响，尤其在地形条件上表现得更为明显。

泥石流在我国高原及边缘山区的分布上，一是青藏高原及边缘山区，平均海拔4 500米，其上有很多冰雪连绵的大山脉，这里就是我国冰雪消融泥石流的分布地；二是黄土高原及边缘山区，它包括秦岭、乌鞘岭、太行山、日月山的广大地域，这里是我国典型的暴雨泥石流的主要发生区域；三是云贵高原及边缘山区，地处我国西南，包括贵州、广西北部、云南东部以及四川、湖南、湖北部分地区，这里东南高、西北低，平均海拔1 000到2 000米，是我国暴雨泥石流的分布地区。

除了高原及边缘山区外，泥石流在我国东北山区和华北，如东北辽宁境内、北京的西山和太行山也都有出现。

7.泥石流的世界分布

从世界范围来看，泥石流经常发生在峡谷地区和地震火山多发区，在暴雨期具有群发性。

目前，世界泥石流多发生在环太平洋褶皱带（山系）、阿尔卑斯—喜马拉雅褶皱带和欧亚大陆内部的一些褶皱山区。据了解，有近50多个国家存在泥石流的潜在威胁，其中比较严重的有哥伦比亚、秘鲁、瑞士、中国、日本等。仅日本的泥石流沟就有62 000条之多，春夏两季经常暴发泥石流。

20世纪，全球泥石流暴发频率急剧增加，先后在乌干达、秘鲁、加拿大等多个国家发生了严重的泥石流灾害。

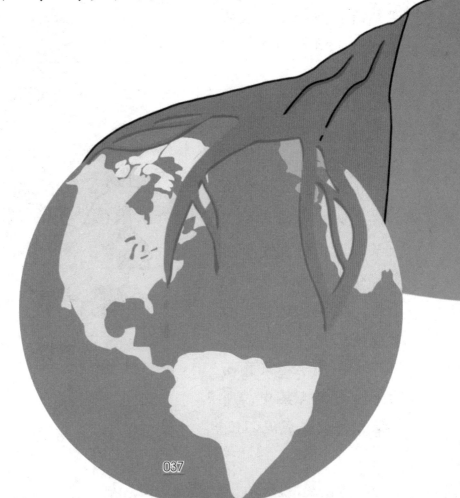

8.泥石流的发生规律

泥石流常常会造成较严重的经济损失和人员伤亡，它的发生具有规律性。

区域性

由于水文、气象、地形、地质条件的分布具有区域性，所以泥石流的发育和分布也具有区域性。

从构造特征看，泥石流多分布在地质构造复杂、新构造运动强烈、地震活动频繁、岩石破碎、植被稀少的山区，这些区域为泥石流的形成和发育提供了丰富的松散碎屑物质。

从气候特征看，泥石流多分布在温带和半干旱山区，特别是干湿季节分明、降水集中的山区。这些区域的岩石物理风化强烈，大量风化碎屑在旱季积累，而雨季时雨水又集中，所以很容易激发成泥石流。

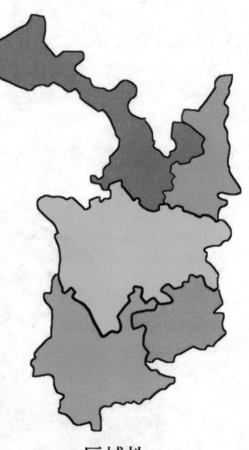

区域性

季节性

我国泥石流的暴发主要是受连续降雨、暴雨，尤其是特大暴雨的影响，所以泥石流发生的时间与集中降雨的时间是一致的，具有明显的季节性，一般发生在多雨的夏、秋季节。

四川、云南等西南地区的降雨多集中在6~9月，因此西南地区的泥石流多发生在6~9月；西北地区的降雨多集中在6、7、8三个月，尤其是7、8两个月降雨集中，暴雨强度大，因此，西北地区的泥石流多发生在7、8两个月。

季节性

周期性

泥石流的发生多受暴雨、洪水、地震的影响，而暴雨、洪水、地震具有周期性，所以泥石流的发生和发展也具有一定的周期性，并且它的活动周期与暴雨、洪水、地震的活动周期大体一致。

当暴雨、洪水两者的活动周期相叠加时，常常会形成泥石流活动的高潮。如20世纪60年代的云南省东川地区处于强震期，致使东川泥石流的发展加剧，仅东川铁路在1970~1981年的11年中就发生泥石流灾害250余次。

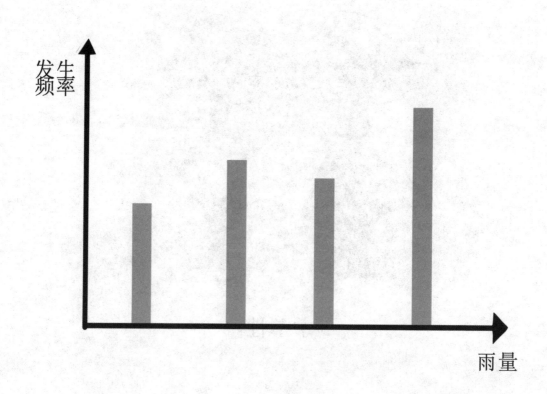

第三章
泥石流的运动

　　泥石流不同于均质的江水、洪水流动，而是不连续、不稳定的阵流型流动。它的前锋沿着高山、陡坡运动，流速高达每秒几米至几十米。在这样的速度下，势能很快转化为强大的动能。它具有突出的直进性，遇着弯道、障碍物，常不变向、绕流，而是产生猛烈的冲击、破坏作用或出现冲起、爬高现象。因此，泥石流来势凶猛、历时短暂，泥位暴涨暴落，成为破坏自然环境与人类活动的主要灾害之一。

1.泥石流运动的几个要素

泥石流中夹杂着很多固体物质，所以它的运动不同于清水和含沙水流。泥石流是由水和泥沙、石块组成的特殊流体，属于一种块体滑动与挟沙水流之间的颗粒剪切流，因此具有特殊的流态、流速、流量等。

流态

流态，即泥石流的运动形态。泥石流的主要流态有紊动流、扰动流和蠕动流。

紊动流是稀性泥石流所具有的流态，与挟沙水流的紊流类同。扰动流是黏性泥石流最常见的一种流态，当黏性泥石流流速较小、流体中的石块移动和转动缓慢时，其流态为蠕动流。也就是说，稀性泥石流多呈紊动流，黏性泥石流多为扰动流，但后者在河床顺直、纵坡平缓而石块又较小时，呈蠕动流。

流速

流速，即泥石流的流动速度。泥石流中固体颗粒粗细差别很大，细颗粒以悬移形式跟随水流一起运动，它的流动速度基本上与水流运动速度相一致，流动时只消耗水流的动能；粗颗粒以推移的形式运动，它的运动不离开沟床面，或只暂时离开沟床面，流速往往远小于水流速度，颗粒之间及颗粒与沟床面之间在运动中不断碰撞、摩擦，所消耗的能量往往占泥石流势能很大的比例，这是一般挟沙水流或清水中所少见的。

泥石流的流速不但受地形控制，还受阻力影响。泥石流虽然运动阻力大，但多发育于陡峻山区，所以流速相当快，能达到每秒10~20米，在弯道处能激起很高的浪头。

流量

泥石流由于挟带大量的固体物质，流量大小和过程具有与一般洪水流量明显不同的特点。

首先，泥石流尤其是黏性泥石流流量过程中有连续流与阵性流两种流动形态。当流量减少或阻力增大时，输沙能力受到限制，泥石流流态会自动地通过能量的转换与积累，由连续流转变成阵性流。

其次，泥石流流量由清水流量和固体颗粒流量两部分组成。由于沿程冲淤变化，泥石流沿程流量也随之而变。在冲刷很强的情况下，泥石流流动开始时水流挟带的砂石并不多，但随着河床冲刷下切及沟道中堆积的松散物质不断补充加入，固体流量部分不断增大，使泥石流流量沿程增大，如到达沟道下游时尚未发生淤积，泥石流流量往往会达到清水流量的几倍。相反，在有淤积的情况下，泥石流流量会因固体物质沿程沉积而使固体流量沿程减少。

泥石流的流量和降雨的强度、固体物质的数量也是有关系的，降雨量越大，固体物质越丰富，泥石流就越大。泥石流的流量与流程也是有变化的，形成区流量逐步增大，流通区较稳定，堆积区流量逐渐减少。

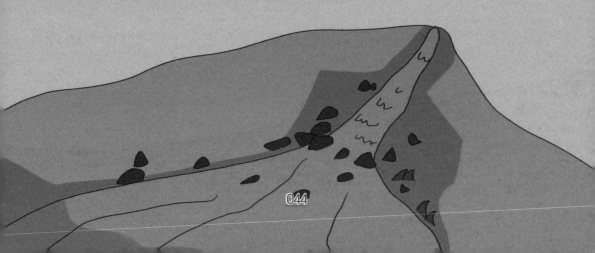

2.泥石流是如何运动的

泥石流的运动特性完全不同于清水或一般的挟沙水流，在运动过程中，常有侵蚀、输移、冲淤、堆积现象产生。

泥石流的侵蚀

泥石流的侵蚀，是指泥石流通过它自身巨大的能量在运动过程中对地表的破坏，包括泥石流通过强烈的冲刷、撞击和震动使地表直接遭受的破坏。泥石流的侵蚀特征主要表现在以下几个方面。

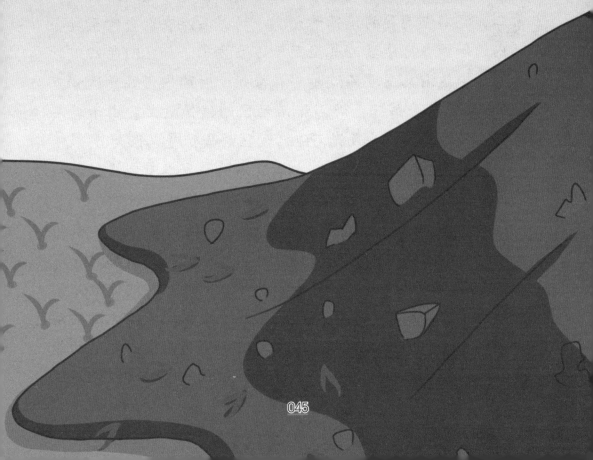

　　侵蚀强度和规模巨大。具体表现在：第一，泥石流向下切割的深度大。它的一次下切深度可以达到13米，部分泥石流沟在形成区或流通区的下切作用往往能够达到基岩层。第二，泥石流沟谷的侵蚀量大。一场泥石流在数分钟至数小时内的侵蚀量可达数万甚至上千万立方米。如1981年四川甘洛利子依达沟暴发泥石流时，在很短的时间内侵蚀量达30万~50万立方米。第三，泥石流活动区的侵蚀量大。由于泥石流沟谷侵蚀量大，导致泥石流活动区的侵蚀量也很大。

　　具有突发性和快速性。由于泥石流暴发具有突发性和快速性，因此泥石流的侵蚀也具有突发性和快速性。

　　在空间上具有不连续性。由于泥石流的动力主要来自松散碎屑物质的重力，水的动力作用较小，尤其是黏性泥石流，水在流体中所占比例较小，基本上只起结构的连接作用和润滑作用，因此一般只有小流域才能提供泥石流运动的动力条件。一出小流域山口，就因为地形变缓而失去运动的能力，流体转化为堆积物，整个泥石流过程结束。所以泥石流的侵蚀作用一般是孤立的，在地域上是不连续的。

在时间分布上具有短暂性。泥石流是一种特殊流体，它只有在运动中才能称为泥石流，运动一旦停止，就成为泥石流堆积物，失去侵蚀能力。如果泥石流发生在小流域，受降水过程、松散碎屑物质补给条件和流程等限制，一场泥石流的活动时间是有限的，一般在几分钟、几十分钟，最多一到两天；一条泥石流沟的泥石流暴发频率也是较低的，具有周期性，最低一年，最高数百年。也就是说，泥石流活动在时间分布上是短暂的，所以其侵蚀作用在时间分布上也是短暂的。

泥石流的输移

泥石流的输移，是指泥石流自身通过流动将其固体物质由一个地方移动到另一个地方。泥石流的输移过程与水流对泥沙的输移过程是不尽相同的。水流对泥沙的输移，水是输移介质，泥沙是输移对象，靠水动力完成输移过程。泥石流的输移，对稀性泥石流而言，它的输移力既有水的动力，又有泥沙自身的动力，水不完全是输移介质，泥沙也不完全是输移对象，是二者的合力共同完成输移过程；对于黏性泥石流而言，水主要与细颗粒物质形成一定结构的浆体，在流体内部及边界层间起润滑作用，它的输移力主要来自泥沙自身的重力，也就是说黏性泥石流主要靠泥沙的重力完成整个输移过程，它的输移能力是非常巨大的；过渡性泥石流的输移，介于稀性泥石流和黏性泥石流之间，偏稀的与稀性泥石流近似，偏黏的与黏性泥石流近似。

泥石流的冲流

泥石流具有挟沙水流和滑坡特征的冲淤方式。稀性泥石流的冲淤方式与挟沙水流较为接近，呈单颗粒起动或淤积；而黏性泥石流接近滑坡，呈整体运动或堆积；过渡型泥石流介于两者之间，单颗粒起动、落淤和整体运动、堆积并存。它们的共同点是都给自然环境和人类生活带来影响，如稀性泥石流的冲刷会造成沟坡、沟床的后退和下切，产生崩塌、滑坡；黏性泥石流的冲刷不会使石块、砂粒和浆体发生分离，但构成层状剥蚀和堆积，会摧毁建筑，淹没良田。

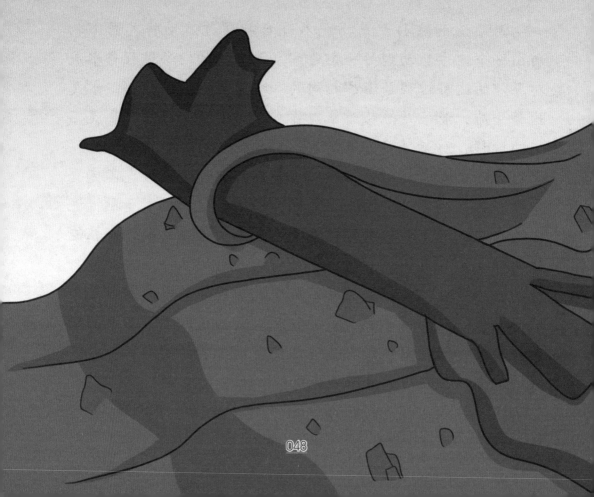

泥石流的堆积

泥石流流出山口或流入宽谷后，由于运动条件的变化将发生堆积。泥石流的堆积过程，就是泥石流运动遇阻到完全停止运动的过程。泥石流的堆积有沟口堆积、沟道堆积、分流堆积三种形式。

沟口堆积：沟口是山区小流域地形变化剧烈、泥石流运动能量集中释放的地方，所以成为泥石流堆积的主要场所。泥石流在沟口的堆积往往呈扇状堆积或锥状堆积。

沟道堆积：泥石流在沟道内运动时，往往因环境条件发生变化而形成丰富多彩的堆积，一般有满床堆积、侧方堆积、弯道堆积和缝隙堆积。

分流堆积：山区小流域的下游或靠近山口地带，泥石流往往切割主河或主沟的阶地、平台或流域自身的泥石流堆积平台，并形成弯道。当泥石流运动至这些弯道时，流体高度往往超过弯道凹岸岸壁的高度，形成分流泥石流和分流堆积。

3.泥石流的运动特征

　　泥石流不同的流态，是由其不同的运动模式决定的。在运动过程中，它又有不同于其他地质灾害的特点。

　　从发生方面讲，泥石流有突发性和灾变性、波动性和周期性、群发性和强烈性之分。突发性和灾变性泥石流暴发突然，历时短暂，一般只有几分钟到几十分钟，通常会给山地环境带来灾害性变化。波动性和周期性泥石流活动时期时强时弱，具有波浪式的变化特点。由于降雨的区域性和坡体的稳定性，群发性和强烈性泥石流的发生常具有"连锁反应"。

　　从搬运方面讲，泥石流能力特别强，它搬运的泥沙粒度广泛、浓度大。黏性泥石流以蠕动流、滑动流、层流似的连续流或阵性流形态将流体搬运出沟，泥沙和水构成一体，以整体的方式搬运松散碎屑物。稀性泥石流以紊流连续流形态将流体搬运出沟，泥沙和水尚未构成一体，而是两种物质，以散体方式搬运松散碎屑物。

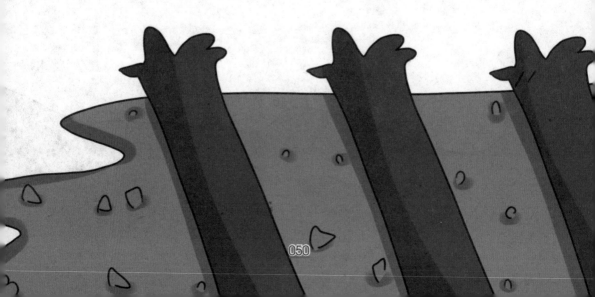

4.泥石流有什么活动特点吗

泥石流不同于一般的地质灾害，它有自己的活动特点和规律。

泥石流的活动强度

泥石流沟口地貌形态特征，通常可作为划分泥石流活动强度的重要标志。

根据泥石流沟口地貌形态特征，它的活动强度可以分为四个等级。

（1）极强活动，沟口堆积扇发育明显，形态完整且规模大。

（2）强活动，沟口堆积扇发育，且具有一定规模。

（3）中等活动，沟口有堆积扇，但规模小。

（4）弱活动，沟口堆积扇不明显。

极强活动

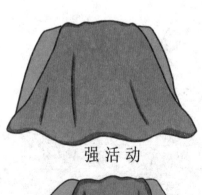

强活动

中等活动

弱活动

泥石流的活动规律

泥石流活动总体上具有一定的周期性，且活动周期长短根据自然条件不同而不同。如北京山区平均约五年发生一次泥石流，云南小江流域每年都出现泥石流。

泥石流易成群暴发。由于暴雨具有一定的分布空间，所以，一次暴雨就能造成数十甚至上百条泥石流沟出现泥石流。

泥石流暴发时间短、成灾快，是突发性极强的灾害种类。它的危害性特别大，预测与预防难度也大。尤其是泥石流低频地区，人们难以掌握它的活动规律，所以不能很好地预报，也就疏忽了预防与治理。

泥石流主要危害城镇、村庄，阻碍与破坏交通和通讯，危害农田林地与各种水利工程，对人民生命财产和经济建设危害极大。

泥石流的强大冲击力

泥石流含有大大小小的碎屑颗粒，在沟谷中快速运动，具有极大的破坏动能，称为冲击破坏。它的冲击破坏力，称为泥石流的冲击力，具有叠加性、脉冲性和随机性等。当泥石流的黏稠度越大时，运动惯性越大，直进性越强。颗粒越大，冲击力也就越大，有时会翻越小山冲击小山的另一边。当遇到拐弯处时，泥石流会发生爬高的现象，有的甚至越过沟岸，摧毁建筑物，裁弯取直。

5.泥石流活动的特有现象

泥石流发生时，常有一些特有的现象。我们可以通过这些特殊现象，判断泥石流是否将要发生。

短暂的断流现象与巨大的轰鸣声

很多泥石流在开始暴发的时候，常常可以听到由沟内传出的犹如火车轰鸣的声音或者响雷声，地面也发出轻微的震动；有时在响声之前，原来在沟槽中流动的水体会突然出现片刻的断流现象。随着响声的增大，泥石流也会奔腾而来。

强劲的冲刷、刨刮与侧蚀

泥石流在沟谷的中上游段具有强烈的冲刷和刨刮沟道底床的作用，常使沟床基底裸露、岸坡垮塌。另外，在沟谷中下游段常常侧蚀掏刷河岸阶地，使岸边沿线的道路交通、水利工程、农田及建筑物遭到破坏。

弯道超高与遇障爬高

泥石流运动时直进性很强，当处于河道拐弯处或遇到明显的阻挡物时，它不会顺沟谷平稳下泻，而是直接冲撞河岸凹侧或阻碍物。由于受阻，泥石流体被迫向上空抛起，这一冲击高度可达几十米，甚至有时泥石流龙头可越过障碍物，越岸摧毁各种目标。如1991年6月10日北京密云县杨树沟泥石流就是在弯道处越过阻挡它前进的小土梁，将土梁另一侧的房屋摧毁。

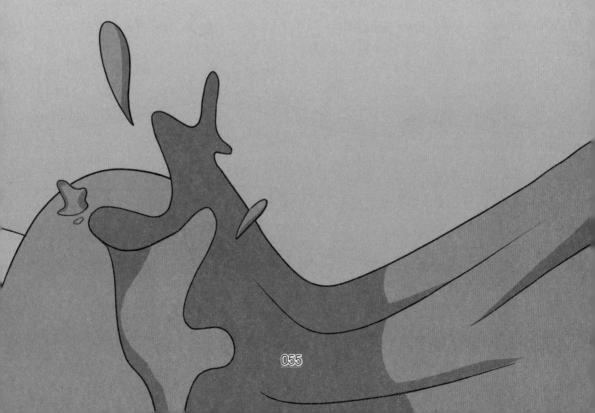

巨大的撞击、磨蚀现象

　　快速运动着的泥石流动能大、冲击力强，据研究测定，砾径1米的大石块运动速度为每秒5米时，冲击力可达140吨。泥石流中的大量泥沙在运动中不断磨蚀各种工程设施表面，使一些工程丧失了其应有的作用而报废。

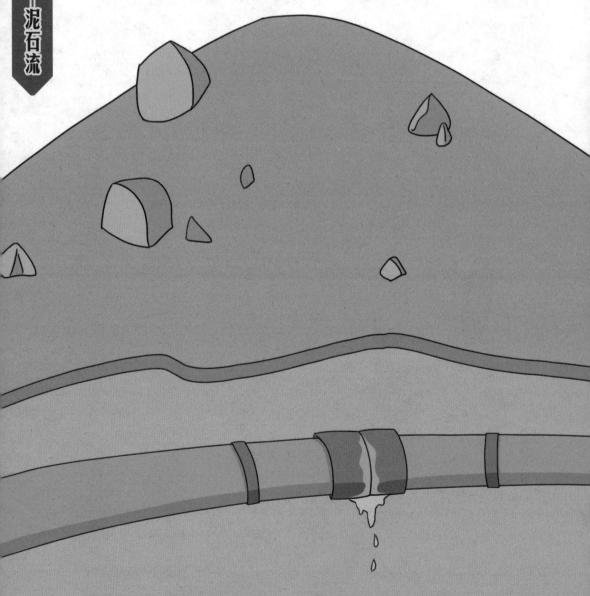

严重的淤埋、堵塞现象

在沟内及沟口的宽缓地带，由于地形纵坡度减小，泥石流的流速会骤然下降，大量泥沙、石块停积下来，堆积堵塞河道，淤埋农田、道路、水库、建筑物等目标。一些大规模泥石流的冲出物质堆堵在河道，可构成临时性的"小水库"，致使上游水位抬高。这种堵坝一旦溃决，又会形成洪水泥石流，对下游再次造成危害。例如我国四川利子依达沟泥石流冲出山口，毁桥覆车后又在几分钟内将大渡河拦腰堵截，断流达4小时之久，并向上游回水5千米，淹没工矿设施等。

阵流现象

这种现象主要发生在黏性泥石流中。它的特征是自泥石流开始到结束，沿途出现多次泥石流洪峰，即多次泥石流龙头，各次龙头出现间隔时间长短不一。

第四章
泥石流的危害

　　我国是一个多山的国家，山地面积约占国土总面积的2/3，其中大部分集中在西南、西北等广阔的西部地区。由于山区地形陡峻，物质组成松散，补给充分，加上随着经济发展，人为活动加剧，夏季集中降雨容易引发暴雨泥石流，因而西南、西北山区成为了我国泥石流灾害最为频繁的地区。

　　泥石流常常造成极大的破坏，严重危及着当地工农业生产、交通及城乡居民的生活，给国家经济建设和人民生命财产造成巨大的损失。

1.泥石流的危害表现在哪些方面

泥石流的发生往往给人类带来极其严重的灾害，具体表现在以下几方面。

对居民点的危害

泥石流暴发时，冲进村庄、城镇，摧毁房屋、工厂及其他场所的设施，毁坏土地，淹没人畜，甚至造成村毁人亡的灾难。

例如，1969年8月，云南省大盈江流域弄璋区南拱泥石流使新章金、老章金两村被掩埋，导致97人丧生，造成经济损失达近百万元。

又如，2010年8月7日至8日，甘肃省舟曲暴发特大泥石流造成1 270人遇难、474人失踪，5千米长、500米宽的区域被夷为平地。

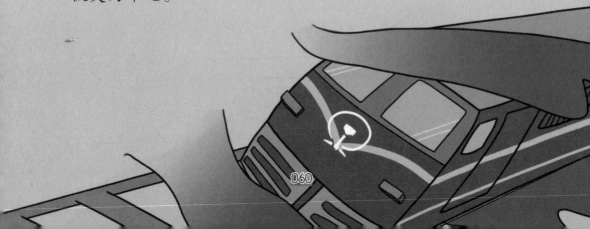

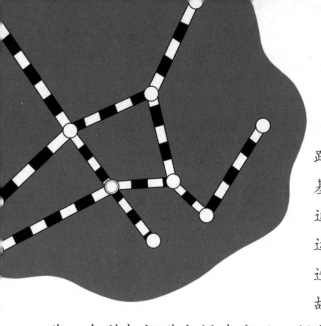

对交通的危害

泥石流可直接掩埋铁路、公路、车站，摧毁路基、桥涵等设施，导致交通中断，还可能引起正在运行的火车、汽车颠覆，造成重大的车毁人亡事故。有时，泥石流汇入河道，会引起河道大幅度变迁，间接毁坏公路、铁路及其他工程设施，甚至迫使道路改线，造成巨大的经济损失。

每年雨季，泥石流对公路水毁现象时有发生。在西北甘肃省武都地区的公路干线上有泥石流沟506条，其中情况最严重的是在甘川公路岩昌至响崖坝的130千米长度范围内，约有200余条泥石流沟，以塌方、淤埋为主的泥石流灾害几乎连年发生，公路交通中断时有发生。

例如，位于川陕公路北段的陕西宝鸡至汉中公路，全长264千米，1981年8月遭受洪水泥石流灾害，致使39.46千米路基被冲毁，塌方45.06万立方米，路面水毁75千米，冲毁桥梁19座、涵洞192座、道班房6处，全线修复耗资4 333万元。

在南方，由于洪水泥石流灾害造成公路水毁的现象也屡见不鲜。例如，在湖南省西部张家界市，2002年6月由于山洪泥石流引发灾害，冲毁公路22.98千米、桥梁9座、涵洞55处，同时造成110处坍方、30 422米公路挡墙受损，当地生态植被遭到严重破坏，直接经济损失达1 500万元以上。

对水电、水利工程的危害

泥石流可冲毁水电站、引水渠道和过沟的建筑物，淤埋水电站尾水渠，并磨蚀坝面、淤积水库等。

对矿山的危害

泥石流可摧毁矿山及其设施，淤埋矿山坑道，伤害矿山人员，造成停工停产，甚至使矿山报废。

我国西部山区的大部分矿山存在着不同程度的泥石流威胁和危害，经常发生淤埋矿区、毁坏矿井的现象，导致一些矿产开采困难，浪费了大量的矿产资源。

例如，四川的攀枝花铁矿、贵州的六盘水煤矿和云南的东川铜矿等均有大量的泥石流活动，严重威胁或危害着矿产的开采和矿区的安全。

对农田的危害

泥石流活动过程中，由于支沟泥石流的活动，使得泥石流沟中上游的土地遭到严重破坏，耕地被侵蚀为劣地，下游和土地遭到泥石流淤埋，成为沙砾滩。

例如，云南省东部的小江流域两岸有123条一级支沟，其中泥石流沟占85%，且107条泥石流中有27条灾害严重。2005年前的近30年间就成灾35次，毁坏农田约2693平方米，导致211人死亡，另有90人遭受不同程度的伤害，毁坏铁路、公路，中断交通1217天，造成直接经济损失约1.3亿元。小江河道年淤量达4200余万吨，注入金沙江近2000万吨。由于环境破坏严重，山坡和河谷快速"荒漠化"和"沙石化"。

对江河的影响

泥石流堵江会造成河床急剧变形。纵向变形表现为河床沿程的大冲大淤，即堵江以上河段水位抬高，流速减小，向上产生淤积，堵江以下河段产生冲刷。

据了解，东川大白泥沟一次最大淤积厚度达6米，一次最大局部冲刷深度达5米。蒋家沟频繁堵断小江，该处上游纵坡仅为1‰~3‰，下游竟达11%。这种强烈冲淤的根本原因是泥石流堵江使河道水位迅速抬升，抬升高度除与沟口泥石流堆积量有关外，还与该处河道断面形态有关。

1976年甘肃宕昌化马地区泥石流暴发，导致入汇岷江的四条泥石流沟和入汇白龙江的两条泥石流沟同时产生堵江，堵江后水位上升。横向变形表现为河床平面的大幅度摆动，横向变形与纵向变形是相互联系和同时发生的。如1957年大白泥沟堵江，一方面纵向发生大冲大淤，另一方面使河道横向出现摆动。这次泥石流堵江致使河床抬高近4

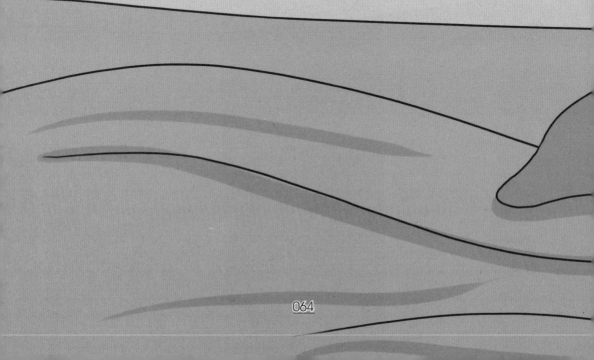

米，以后逐步下切至1963年汛后，累计下切约3米。

　　如果泥石流堵塞河道，聚水成湖，还会形成"堰塞湖"，带来的危害十分严重。如1933年四川茂县发生了7.5级的大地震，引起大型滑坡。繁华的叠溪镇部分崩倒江中，部分陷落，部分被岩石压覆，只剩下东城门和南线城墙。地震区内的猴儿寨、龙池、沙湾驿堡等羌族山寨也被洪水吞没。岷江被堵成3个大堰，积水40天后叠溪堰崩溃，形成洪水，洪峰到达都江堰后冲毁沿岸道路、农田和建筑物，造成巨大的经济损失和人员伤亡。

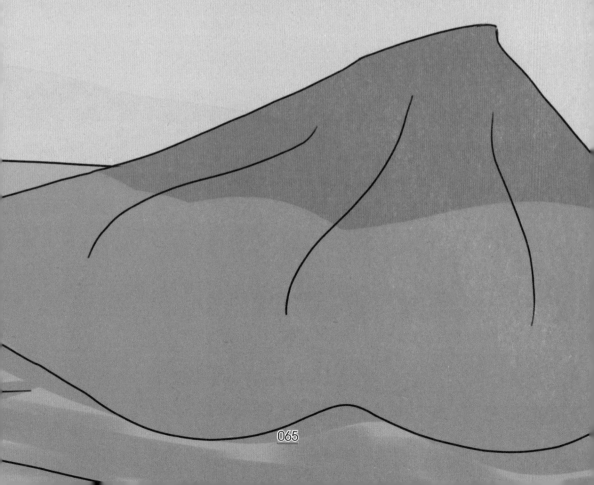

泥石流活动跟黄河、长江日益突出的江河泥沙灾害密切相关。黄河的泥沙主要来自黄土高原，陕北、晋西、陇西和陇东四个泥石流活动区是黄河泥沙的主要供给区。长江三峡以上的泥沙，尤其是粗颗粒泥沙，主要来源于流域内的泥石流沟。无论是嘉陵江、金沙江还是岷江，很大一部分泥沙来自泥石流活动区，这些江河经过泥石流活动区后，含沙量会急剧增加。所以近年来，在珠江、长江、淮河都曾经出现"小水大灾"，也就是说，洪峰流量相对较小，但洪水水位较高，洪水灾害严重。造成这种现象的原因主要是江道淤积。同时，泥石流把大量泥沙输入江河，加剧了江河的泥沙灾害，也会把泥石流危害延伸到平原。

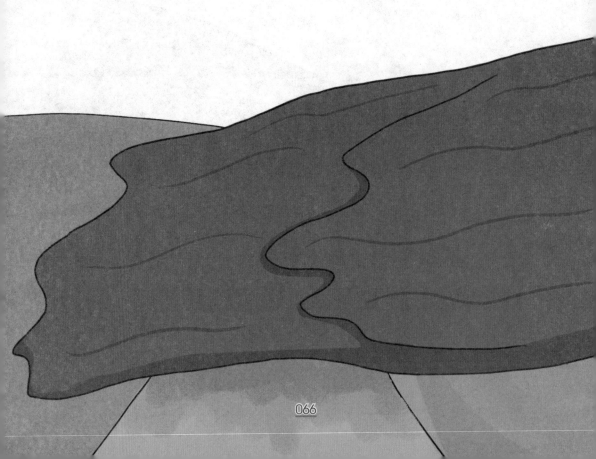

对环境的影响

泥石流对山区的村寨、城镇、交通、农田、工矿等造成严重危害，不但使人类的生存和发展环境受到直接影响，而且还影响到矿产、土地、森林和淡水等资源的保护和利用。

例如，云南小江流域在二三百年前是森林葱郁、山清水秀的好地方，但经过时代的变迁，自然环境遭到开矿、伐薪、荒地开垦等的破坏，泥石流开始发生，现在已经成为我国甚至世界上自然环境、地质环境和生态环境最恶劣的地区。

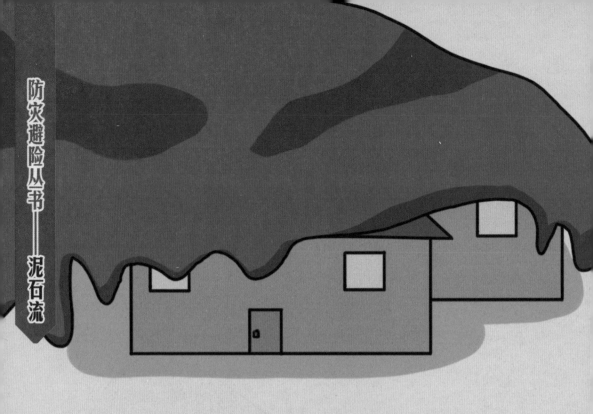

2.泥石流的破坏方式有哪些

泥石流的特征决定了泥石流的危害方式，具体表现在以下几方面。

淤埋

泥石流堆积区一种常见的灾害形式就是淤埋，它能将堆积区内的所有设施掩埋。

例如，1972年四川冕宁罗玉沟泥石流冲毁淤埋房屋7 000余间、耕地500余公顷，死亡105人。

又如，1979年6月26日辽宁宽甸县龙爪沟泥石流，使一座有1 000余间厂房的工厂遭到淤埋，里面的设备全部被毁，死亡8人。

冲毁

泥石流一般能达到每秒10余米，流速很高，并挟带大量巨型石块，流动过程中产生巨大的冲刷、撞击力。

例如，1981年7月9日四川甘洛县利子依达沟泥石流含直径8米以上的巨型石块，流速高达每秒13.2米，冲毁利子依达沟铁路大桥，造成422次旅客列车颠覆，300余人遇难。又如，1984年8月3日甘肃武都北峪沟、甘家沟暴发泥石流，县城及其附近的5137间房屋和3600公顷耕地被冲毁淤埋，14人遇难，人们的生命和财产都遭受到巨大灾难。

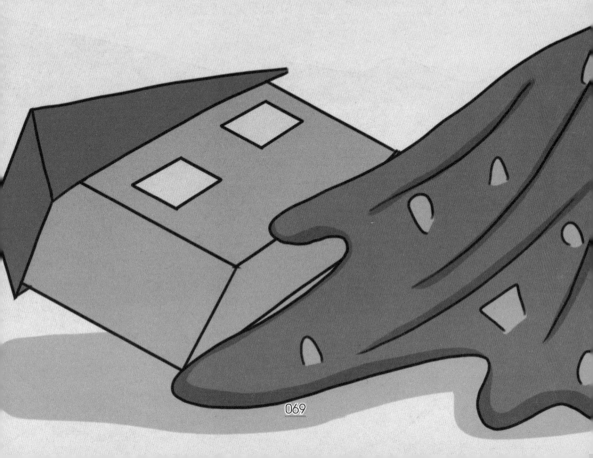

堵河阻水

泥石流在行进过程中，因受地形和固体物质补给条件沿程变化的影响，常常容易出现"阵性流"。当水流动能不足以维持泥石流运动时，泥石流的龙头可能会骤然停止，堵塞沟道不断淤堵成坝，发生堵河阻水事件。较轻者，可以使河床淤积抬高，形成险滩；较重者，形成水库，使库区周围房屋、耕地被淹没，并在岸边诱发滑坡、崩塌灾害。当"堆石坝"溃决时，常使下游遭受洪水或泥石流灾害，并形成新的险滩。

例如，1984年7月18日四川南坪关高沟泥石流泄入白龙江形成堵河"坝"，30分钟后坝体溃决，形成强大的洪水、泥石流，造成南坪县城的2700余间房屋被冲毁、淤埋，25人丧生，经济损失达1500万元以上。

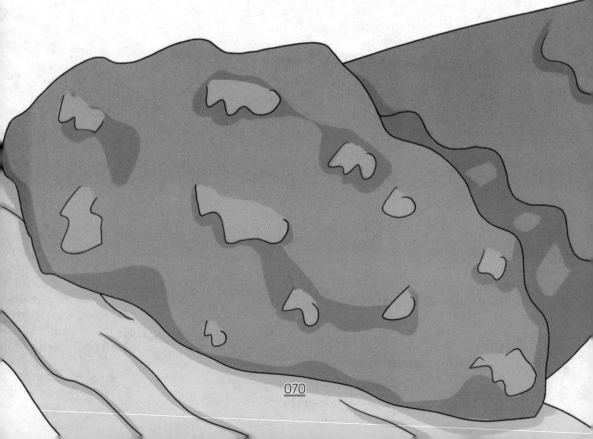

漫流与弯道爬高

　　当泥石流不足以搬运固体物质时，会因为自身淤积和阻塞而向两侧漫流泛滥成灾，而且泥石流速度快、惯性大，在急转弯的沟岸或遇到障碍物阻挡时，常冲击爬高、翻越障碍而过。泥石流在弯形沟道的凹岸侧向爬高，会加大漫流灾情，给两岸的工农业生产及居民生活带来极为不利的影响。

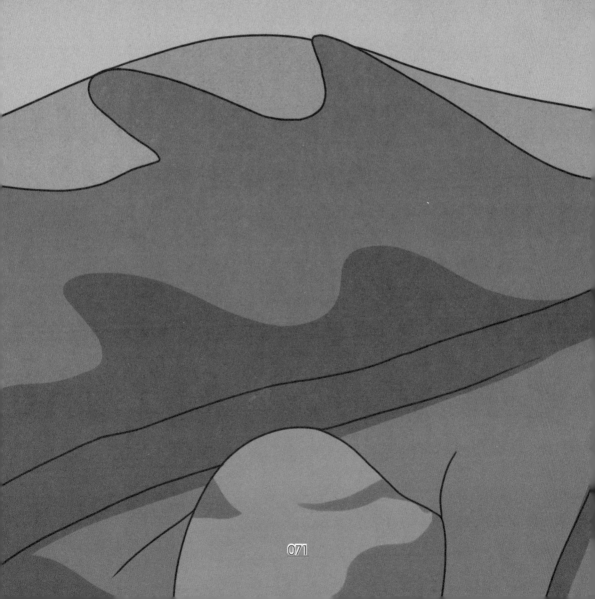

3.泥石流的灾害类型有哪些

　　固体松散物质的补给条件是导致泥石流灾害发生的内在因素之一，而固体松散物质的来源无外乎几种，即山腹坡面发生崩塌滑坡而产生的土石块体、天然水库溃坝形成的土泥石块体、沟床淤积泥沙的流动、火山活动和冰川活动。根据这些，我们可以将泥石流灾害分为崩塌滑坡型泥石流灾害、溃坝型泥石流灾害、侵蚀型泥石流灾害、火山泥石流灾害、冰川泥石流灾害等五种类型。

　　其中，最常见的是具有重力侵蚀作用的崩塌滑坡型泥石流灾害，因为它的固体松散物质补给量最大、突发性强、运动速度快、冲击力大，所以破坏性很强，占所有泥石流灾害的比例高达80%以上；同时它受地表水和地下水的双重作用，兼有滑坡与泥石流的特征，即沟源头有滑坡壁、裂缝等，而滑坡体本身又能以流体方式顺沟而下。

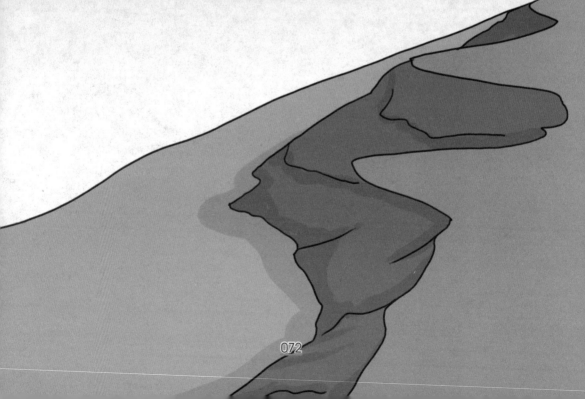

在沟谷中淤积的沙石坝，当受到来流冲击时会发生溃决，形成溃坝型泥石流灾害，它的规模和危害性仅次于崩塌滑坡型泥石流。

在沟床淤积的泥沙因水量的增加而发生流动所形成的侵蚀型泥石流，规模与强度均较小，往往不是主要的泥石流灾害类型。

火山泥石流与冰川泥石流灾害则是在特定的区域环境和气候条件下形成的特殊泥石流灾害，在日本、欧洲、北美等国家和地区比较普遍，在我国并不多见。

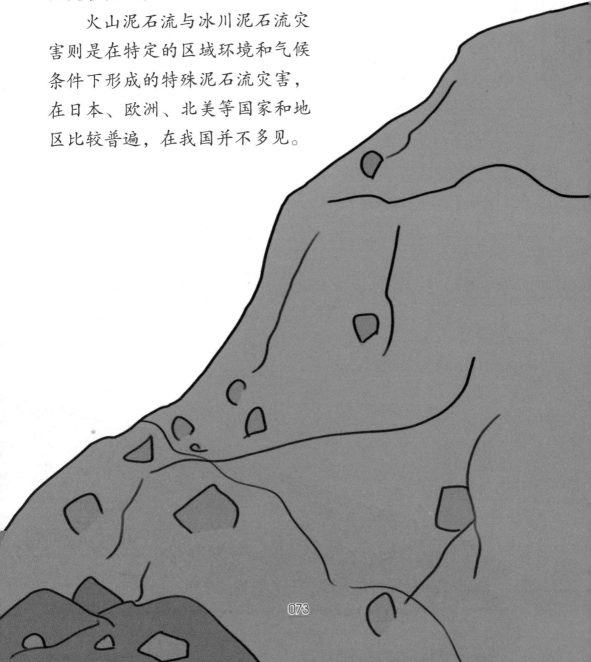

4.泥石流灾害等级是怎样划分的

为了制定泥石流灾害防治工程的规划标准，认识泥石流灾害的规模与强度，人们通常会将泥石流灾害进行等级划分。

泥石流灾害等级是衡量泥石流灾害规模和强度最重要的指标，又称泥石流灾害度。一般来说，根据死亡人数、冲毁耕地、毁坏房屋、损失财产等指标，可将泥石流灾害划分为特重灾害、重灾害、中灾害、轻灾害四种等级。如下表所示。

	死亡人数（单位：个）	冲毁耕地（单位：公顷）	毁坏房屋	损失财产（单位：万）
轻灾害	<5	<10	<1 000平方米或100间	<10
中灾害	<30	<100	<1万平方米或1 000间	<100
重灾害	<100	<1 000	<5万平方米或5 000间	<1 000
特重灾害	≥100	≥1 000	≥5万平方米或5 000间	≥1 000

划分灾害等级的目的，在于判断灾害的严重性，帮助政府有关部门确定防治工程的等级、标准，以便更好地设计与治理。

5.泥石流会对区域环境带来什么危害

　　泥石流对区域环境的影响，最为明显的就是泥石流发育地区土地逐渐砂石化，使山区较为宝贵的可用土地资源不断减少。

　　金沙江一级支流小江流域，历史上曾是山清水秀、物产富饶之地，两岸层峦叠翠，环境优美。由于特殊的自然地理条件以及不合理的人类经济活动，导致泥石流活动从无到有，从弱到强，越来越严重，仅在东川市附近90千米长的小江两岸就有灾害性泥石流沟谷百余条。泥石流运动将大量松散固体物质从山地搬至河谷地带，其中细颗粒经水流冲蚀被带走，留下一片片泥石流堆积扇。小江两岸这种无法耕作的砂石荒滩达几十处，每处面积达几百亩到几千亩。甘肃白龙江左岸泥石流堆积扇也一个个相互连接而形成大片砂石荒滩。砂石化过程导致河谷地带良田被淤埋，田园村庄废弃，居民被迫迁移。

　　泥石流将大量泥沙带入江河，其影响还辐射到河道下游，导致江河含沙量大增。黄土高原的泥流将大量泥沙带到黄河中下游，演变为"高含沙量水流"，使黄河成为世界上含沙量最高的河流。洪水最高含沙量在中游可达每立方米1000千克以上，在下游最高也达到每立方米900千克。河流含沙量这么大，造成河道严重淤积。黄河三门峡水库建成蓄水仅两年，泥沙淤积严重，回水影响到关中平原的农业生产及沿岸城市建设。20世纪70年代被迫进行改建，放弃水库的蓄水运用方式。

第五章
泥石流可以预防吗

　　泥石流灾害来临前有哪些征兆？它可以预防吗？具体的防范措施有哪些？了解了以上问题，我们就能够提前预知泥石流的发生，并采取相应措施，减少泥石流灾害对人类生命财产造成的损失。

1.泥石流的形成条件判别

　　泥石流发生前，可以仔细观察它的形成条件。当出现以下任何一种现象时，要多加注意。

　　首先，固体物质来源方面，沟谷处在大断裂、活动断裂带或附近，断层带、断层破碎带的岩体裂隙密集发育，岩体破碎；沟内露出软弱或软硬相间的风化地层，如泥岩、页岩、千枚岩、胶结差的疏松岩层、风化花岗岩类等以及松散土层分布广、厚度大的沟谷；沟谷两岸崩塌、滑坡等地质现象发育，分布集中，水土流失、坡面侵蚀强烈；沟内贮集有大量松散土层，包括崩滑堆积、崩坡积以及过去形成的泥石堆积、冲洪积或冰川堆积土层等。

其次，地形条件方面，沟谷上游是漏斗姿态，呈勺状、树叶状，中游切割深而窄，下游比较开阔，沟谷上、下游相对高差在300米以上，坡面泥石流的相对高差在200米以上；沟底平均纵坡降在10%以上，泥石流初始起动段沟底坡降大于25%，部分段沟底坡降比较缓，但其中存在陡坎和跌水，在横向上多为峡谷；斜坡面的坡度大于25°。

再次，水源条件方面，结合地区降雨特征，判断地区降雨激发泥石流发生的可能；沟内存在冰川或积雪，5~8月日平均气温可达9~10℃以上时，会产生大量冰雪融水，若降雨在沟内同时出现，更容易激发泥石流；沟谷上游存在稳定性差的各种坝体，如已有病害现象的水库和堰塘，滑坡、崩塌也容易发生泥石流等；沟内地下水丰富，有大量泉水出露，沟底水位埋藏浅。

上述三个条件都具备的沟谷，有发生泥石流的可能，只是发生的时间早晚和规模大小不同而已。

2.什么样的天气容易发生泥石流

　　泥石流的发生常常需要一定的激发条件，那么什么样的天气和地方容易发生泥石流呢？

　　泥石流灾害发生的主要原因在于降雨。雨天尤其是暴雨天气，很容易发生地质灾害，而90%以上的滑坡和泥石流就发生在雨季。因为有些山区地质背景脆弱，山高坡陡、风化严重、土层松散，山体很不稳定，一旦受到降雨触动，就会引发灾害。

3.什么地方容易发生泥石流

　　泥石流很容易产生在以下几个地方：

　　在降雨量比较大，暴雨时常发生，植被覆盖率低，且山坡或沟谷中松散固体碎屑物比较发育的山区及山坡。

　　崩塌、滑坡发育的沟谷。这是因为泥石流与崩塌、滑坡有密切联系，它们作为山区地质灾害常常相伴而生，形成灾害群。崩塌和滑坡形成的松散岩土碎屑物为泥石流提供了必需的物质条件，有时由暴雨、洪水诱发的崩塌、滑坡发生后，瞬间就转化为泥石流，进一步强化了灾害过程。

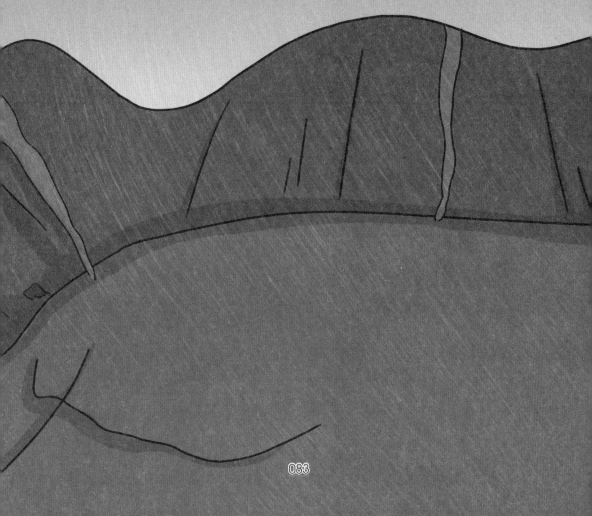

4.泥石流发生前有预兆吗

泥石流发生前会有一些特殊现象出现，只要细心观察，提前预防，就可避免遭受生命危险和重大损失。

泥石流暴发前的征兆

对于泥石流的发生，我们可以通过一些特有的现象来判断。

连续降雨时间较长，发生暴雨并在沟谷中形成洪水时，容易发生泥石流。

河水突然断流或水势突然增大，并夹杂着较多的岸边柴草和树枝，河水开始变浑浊，可以确认河流上游已经发生泥石流。

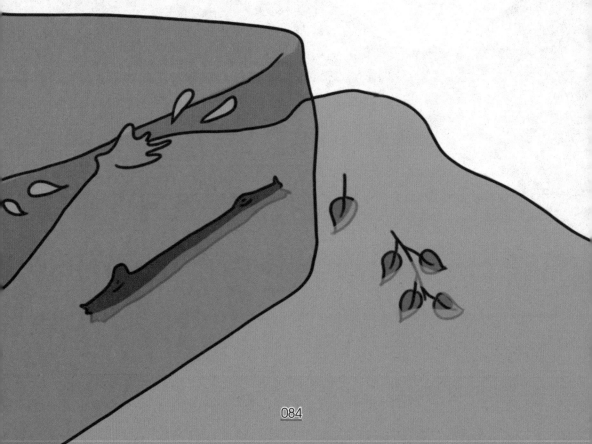

河谷上游突然传来异常轰鸣声，而且声音明显不同于机车、风雨、雷电、爆破等声音，这可能是泥石流挟带的巨石撞击产生的。

　　沟谷内崩塌、滑坡频发，一旦有大暴雨袭击，很有可能引发泥石流。

　　沟谷深处突然变得昏暗，并伴随轰隆隆的巨响，或者感受到了地表轻微的震动，这可能是上游已经发生滑坡，泥石流马上就会发生。

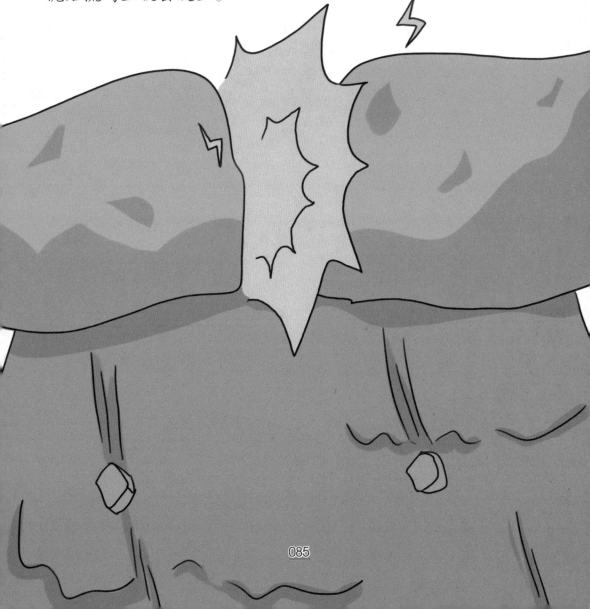

5.泥石流的预测预报

泥石流的预测、预报工作，能够将泥石流的暴发时间以及程度大小大致估测出来，以便人们提前采取措施，达到防灾、减灾的目的。

泥石流预测

泥石流预测是在判别泥石流沟谷的基础上，对泥石流暴发可能性的预先确定或对灾害的估计。它主要根据预测范围内各泥石流沟内的固体物质来源和积累程度、水的来源和数量是否可以达到激发泥石流发生的水分条件、各沟谷的发育阶段和暴发泥石流的频率等，来预测泥石流暴发的可能性和危险程度。一般来说，地质构造越复杂，地壳活动越强烈，山高坡陡，地形越破碎，风化越严重，滑坡、崩塌等地质现象越发育，人类活动越强烈，泥石流暴发的频率就高，危险度就大；反之，泥石流暴发的频率低，危险度小。

泥石流沟谷的判别

　　泥石流活动的沟谷中，一定会留下其活动的痕迹。比如弯道或岸边留有冲光面、冲光坑、刻蚀痕迹和泥痕；在沟口有大量的扇形松散堆积物，在堆积区能够找到粗细混杂的若干层堆积，这些堆积的砾石上留有巨大擦痕，并且砾石的颗粒大小差别比较大。

泥石流沟谷调查

沟道中固体物质的数量，不良物理地质现象的规模、发育程度；水源大小，可结合降雨预报作出分析判断；沟谷发育程度的调查分析，这些都有利于判断泥石流的发生。

泥石流危险区的确定

　　泥石流危险范围是指有可能遭到泥石流危害的区域。泥石流堆积扇是较为平坦开阔的地形，是山区中人类活动比较频繁、工农业生产较为集中的地方，同时也是我国山区扇形地开发利用的主要对象。因此，泥石流堆积扇不仅是泥石流与人类社会生存发展相互斗争的焦点，也是泥石流灾害的常发区域。

泥石流预测量化指标

预测泥石流暴发的指标包括临界降雨量指标和地形指标。

临界降雨量指标：一般每小时降雨量在20毫米以上，10分钟的雨强大于1毫米就会发生泥石流。

地形指标：暴发泥石流的山坡坡度在25°以上，沟道比降10%以上，山地相对高差300米，流域面积约10平方千米。

泥石流预报

泥石流预报是在泥石流预测的基础上，选择那些极重度和重度危险地区或单条泥石流沟进行预报。对降雨型泥石流，预报的任务首先要确定预报范围内激发泥石流发生的降雨临界值，它主要是根据已有泥石流暴发前的降雨量观测值进行统计获得；然后，根据地区气象预报的降雨量与临界降雨量进行对比，预报近期内泥石流发生的情况。为了提高泥石流预报的可靠性，作好降雨量预报是前提条件。

6.泥石流警报等级是怎样划分的

泥石流警报是指在泥石流沟谷的形成区、流通区和堆积区分别设置观测点，对泥石流的活动过程进行监测，将泥石流发生、发展变化的情况，及时利用电话或无线电设备传送到监测预报中心，并快速发出警报，通知主管部门和政府组织生活或活动在泥石流区域的人员及时撤离，减少人员伤亡。

对社会发布泥石流警报信息，并采取相应的防范措施，这对于引起各级领导和人民的重视，提高政府和人民的危机应变处置能力，是非常必要和有益的。我国现行的泥石流预报类型，将泥石流灾害的警报等级分为三类。

注意级

根据地区天气预报，对可能发生泥石流的灾害性暴雨，结合流域内实测雨量分析。如果超过警戒雨量，便可

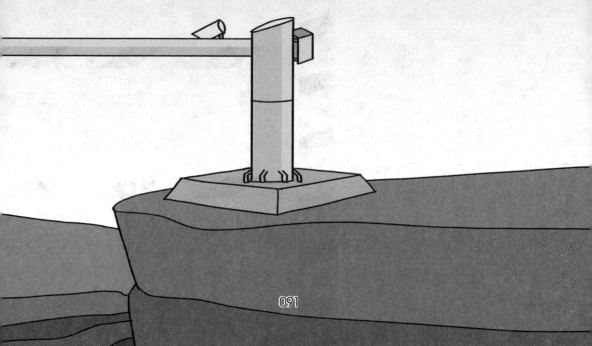

作出"有可能发生泥石流"的警示性预报，提醒有关工作人员注意监测和守护，同时，防灾人员部分上岗值班。

预报级

预报级是在流域内河沟的上游监测到泥石流已经发生，但规模尚不足以形成灾害的泥石流初期。此时，防灾人员应该进入值守工作状态，监测人员要密切注意泥石流的发展趋势以及泥石流流动过程中的消长变化。

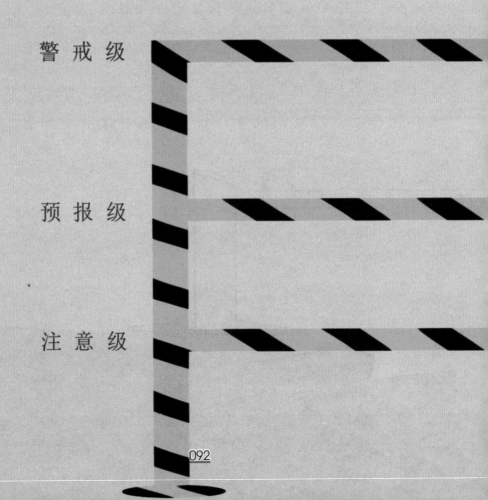

警戒级

预报级

注意级

警戒级

泥石流已达到警戒线，全体防灾人员进入岗位，并赶到现场实施警报的组织动员，实施疏散转移方案；监测人员则继续密切监测，及时发送信息。

泥石流已达危险警戒线，沿程随时有危险的可能，实施危险级疏散转移方案。

泥石流已在某个地区形成灾害，防灾人员应马上实施灾害警报级方案，一方面组织疏散转移，另一方面组织抢险、救灾，并在灾区防止二次灾害发生。

7.泥石流的简易监测

泥石流监测的目的和任务是获取泥石流形成的固体物源、水源和流动过程中的流速、流量、泥位、容重等及其变化，为泥石流的预测、预报和警报提供依据。监测范围包括水源和固体物源区、流通区和堆积区。专门的调查研究单位对于泥石流的监测已采用电视录像、雷达、警报器等现代化手段和普通的测量、报警设备等。群众性的简易监测，主要使用经纬仪、皮尺等工具和人的目估、判断进行，简易监测的主要对象与内容包含以下几个方面。

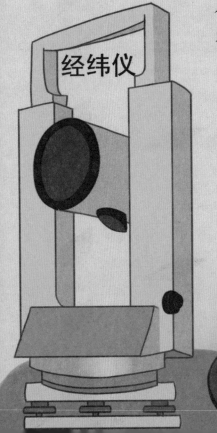

经纬仪

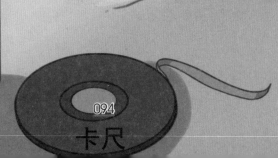

卡尺

物源监测

　　物源监测主要查看泥石流形成的固体物质来源，一是形成区内松散土层堆积的分布和分布面积、体积的变化；二是形成区和流通区内滑坡、崩塌的体积和近期的变形情况，观察是否有裂缝产生和裂缝宽度的变化；三是区内森林覆盖面积的增减、耕地面积的变化和水土保持的状况及效果；四是断层破碎带的分布、规模及变形破坏状况。

水源监测

　　除对降雨量及其变化进行监测、预报外，水源监测主要是对地区、流域和泥石流沟内的水库、堰塘、天然堆石坝、堰塞湖等地表水体的流量、水位，堤坝渗漏水量，坝体的稳定性和病害情况等进行观测。

活动性监测

泥石流的活动性监测主要是指在流通区内观测泥石流的流速、流位（泥石流顶面高程）和计算流量。各项指标的简易观测方法如下：

首先，观测准备工作。建立观测标记。在预测、预报的基础上，对那些近期可能发生泥石流的沟谷，选择不同类型沟段（直线型、弯曲型），分别在两岸完整、稳定的岩质岸坡上，用经纬仪建立泥位标尺，作好醒目的刻度标记。划定长100米的沟段长度，并在上、下游断面处作好断面标记和测量上、下游的沟谷横断面图。确定观测时间。由于泥石流活动时间短，一般仅几分钟至几十分钟，故自开始至结束需每分钟观测一次，特别注意开始时间、高峰时间和结束时间的观测。

其次，流速观测。可以用浮标法，在测流上断面的上方丢抛草把、树枝或其他漂浮物（丢物时注意安全），分别观测漂浮物通过上、下游断面的时间。也可以用阵流法，在测流的上、下断面处，分别观测泥石流进入（龙头）上断面和流出下断面的时间。

再次，流位观测。在沟谷两岸已建立的流位标尺上，可读出两岸泥石流顶面高程。

最后，流量计算。

当然，上面提到的各项观测资料都应作好记录，主要包括观测时间和各种观测数据。通过这些数据来反映泥石流的变化情况，以作为预测、预报和警报的依据。

8.如何预防或减轻泥石流灾害

俗话说，"洪水猛于禽兽"，而泥石流的灾难性又胜于洪水，因此为减轻灾害损失，我们必须在灾害发生前后，根据预测、预报、警报的情况，采取一系列有效的应急措施。

应急措施

如果预报说某地将在数小时内发生泥石流，当地政府部门会及时对该区域的居民采取紧急疏散措施，强制全体人员迁至安全区域；对该地设施采取避灾或保护措施，以免遭受重大损失。

人员安置方面，可建立临时躲避棚。临时躲避棚的位置可建在距离村镇较近的低缓山坡上，或高于10米的平地上，切忌建在河流沟道凹岸或面积小而低的凸岸及陡峭的山坡下，也不要建在较陡山体的凹坡处。

泥石流发生时，人员若处于泥石流区，应迅速向泥石流沟两侧跑，切记不能顺沟向上或向下跑。当人员处于非泥石流区时，应立即报告该泥石流沟下游可能波及的村、乡、镇、县或工矿企业单位。有关政府部门接到消息后，则应立即选择一块高处的平地作为营地或者抢险救灾指挥

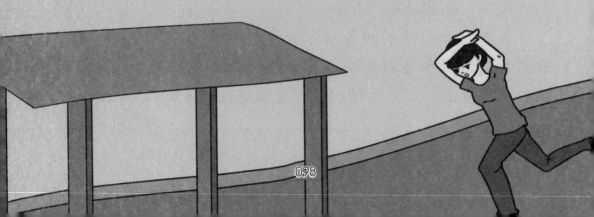

部，尽可能避开有滚石和大量堆积物的山坡下面，更不要在山谷与河沟底部扎营。在组织营救人员或参加救灾抢险时，应时刻注意安全，躲避可能再次发生的泥石流。

避灾措施

每年的7、8月份是泥石流的易发时段，我们要在泥石流到来之前采取一些必要的防护措施，以减少它对人类的影响和威胁。

（1）普及泥石流知识，能正常参加在汛期举行的演习活动，能有组织、有纪律地疏散撤离。如北京北山是泥石流易发区，当地政府总结了一套泥石流的应急防范方法，即"三包四落实"。其中三包就是包村、包队、包户及到人，也就是从乡领导开始逐一向下负责，包揽汛期泥石流的安全工作，使老、弱、病、残、幼、妇的安全均有人负责。这样，在泥石流发生时，我们就可根据自己掌握的知识和方法，尽快地疏散和撤离，减少人员伤亡和损失。

（2）预防为主，形成收听天气预报的好习惯。在夏汛暴雨期间，尽量少出门，不要在大雨天或者连续阴雨天气下进入山区沟谷游玩或劳作。在收听到有泥石流可能的天气预报时，及时做好防范工作。

泥石流来临时如何保护自身安全

（3）时刻提高警惕，不要存有侥幸心理。当白天降雨量较多后，晚上或夜间必须密切注意降雨，最好提前转移到附近的安全地带并搭建临时避险棚，不要疏忽大意。

（4）新建住房或工程厂址时，不要选在泥石流的形成区、流通区和堆积区。

（5）对采矿弃渣、工程建设弃土，要规划选择可靠的场地，不能在山坡、沟谷中随意乱堆乱放。在沟谷中要修建尾矿坝、淤泥坝、梯田等，截蓄大规模的弃渣、弃土。

（6）提高山区新建水库工程质量，对泥石流沟内的水库，要经常进行检查、维护，防止坝下的坝肩渗漏，杜绝溃坝；雨季，在保证水库安全的前提下，科学确定蓄水高度，合理调蓄，防止溃坝触发泥石流灾害。

第六章
泥石流来了怎么办

泥石流威力巨大，来势凶猛，常常给人类的生命和财产造成重大伤害。那么，在山区遭遇泥石流应该怎么办？本章着重介绍遭遇泥石流时的逃生技巧和方法，掌握了这些常识，我们在面对灾难时才能多一份胜算。

逃生方法

1.泥石流发生时如何自保

遇到泥石流时切不可慌乱。泥石流的面积一般不会很宽，在逃跑时，要观察泥石流的运动方向，向泥石流运动轨迹两侧的高处转移。

逃跑时丢弃随身携带的重物，同时注意用手或其他物品保护头部，以免头部被飞来的石头或泥土砸伤。

不要顺着泥石流倾泻的方向跑，要向泥石流倾泻方向的两侧高处躲避。

不要在树上和建筑物内躲避，因为泥石流的威力巨大，运动过程中可以摧毁沿途的一切障碍。

不要在土质松软、土体不稳定的斜坡停留，以免斜坡失衡下滑。

不要在河沟弯曲的凹岸或面积狭小、高度不足的地方躲避，因为泥石流有很强的掏刷功能和直进性，待在这些地方会很危险，应在基底稳固的高处躲避。

安全逃生后，并不表示灾难和危险已经过去，因为泥石流具有间歇性，因此要在确认泥石流完全结束后才能返回。

　　如果需要经过刚刚发生泥石流的区域时，要十分小心，不但要注意两旁的堆积物和滚落物，还要注意观察周围动静，最好选择一条安全的路线通行。

　　如果在山区乘坐汽车或火车时遇到泥石流，要果断弃车而逃，因为躲在车上很容易被掩埋在车厢里窒息而死。

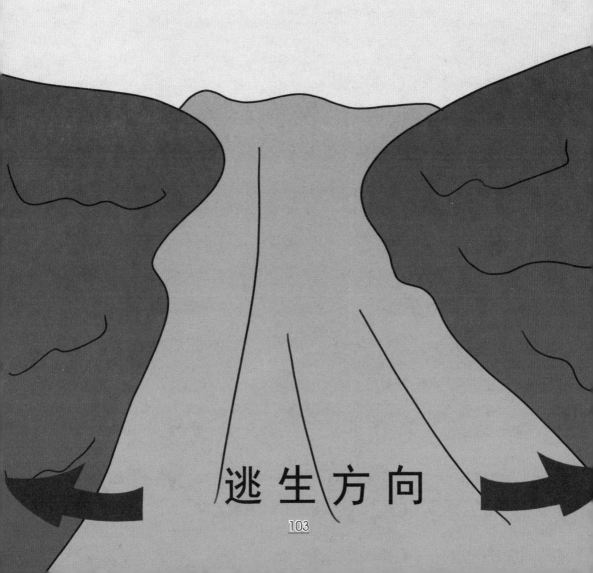

逃生方向

2.有关泥石流的小常识

居住在泥石流多发区或可能发生泥石流区域的人们，掌握一些应对泥石流灾害的小常识非常重要，以下几点需要谨记。

在野外如何防止遭遇泥石流

我国的泥石流灾害主要集中发生在7、8月，这两个月发生的泥石流灾害最为严重，占全年泥石流灾害的90%以上。所以，要尽量避开雨季进入山区。

在野外劳作前，要了解和掌握当地的天气预报以及灾害预报；在通过沟谷时，要先观察两侧，确定安全后尽可能快地通过。

泥石流灾害多发区该怎样建房

在泥石流灾害多发区，不要将房屋建在沟口、沟道上。

泥石流多发区的居民，要将占据沟道的房屋搬迁到安全地带。

在沟道两侧大面积植树并修筑防护堤，防止泥石流溢出沟道造成危害。

为何应保持泥石流多发区沟道通畅

　　在雨季到来之前，应清除泥石流多发区沟道中的障碍物，保持沟道通畅。

　　不要把垃圾堆放在沟道中。如果在沟道中堆放垃圾等物，等于为泥石流提供了固体物质来源，从而加剧了泥石流的发生。如果垃圾已经堆积成坝，泥石流会溢向两岸，给当地带来巨大的损失。

泥石流沟下游的居民应做好哪些防护工作

了解泥石流的基本知识，熟悉周围的环境，了解所在地区有没有发生泥石流灾害的可能。将周围的山地环境与曾发生过泥石流灾害的地带作比较，如果山地环境相似，则泥石流发生的可能性较大。

雨季应经常对居民点周围的山坡和沟谷进行观察，看是否有山体开裂、树木倾斜、山水突然断流或变浑的情况。如有上述情况发生，需进一步观察弄清发生原因，或迅速向有关部门报告，请专业人员进行调查。

清理居民点附近的沟道、排洪沟和涵洞，以免在下雨时造成堵塞，形成灾害。

寻找安全的避难地点和安全的撤退路线，必要时建立临时避难点，并进行撤退疏散演习。

确定简单、实用、可靠的报警方式和报警信号，如利用有线广播、对讲机、电话及敲锣等。

如何在灾害来临前做好必要的物资准备

先寻找合适的避灾场所，搭建临时住所，然后将部分必要的生活用品转移到避灾场所。

根据实际情况，准备必要的交通工具、通信器材及雨具等，还要准备充足的食品和饮用水。

适合躲避泥石流的地方

安全的高地是最好的躲避泥石流的场所，如离泥石流发生地较远处的河谷两岸的山坡高处或河床两岸高处等。

如何选择临时避灾场所

不经全面考察，不要随意选择避难场所。

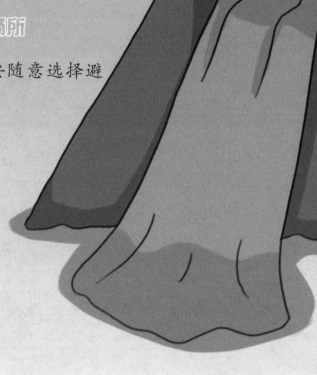

切忌将避灾场所选在发生泥石流的上坡或下坡。

避灾场所应选择在比较容易发生泥石流地区的两侧边界外围。

在确保安全的情况下，避灾场所离原居住地越近越好，交通、水源、用电越方便越好。

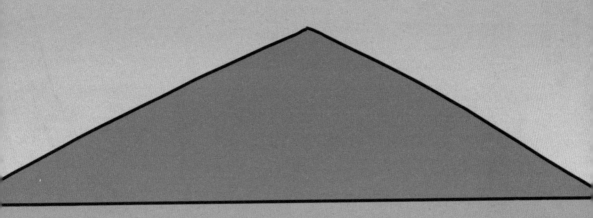

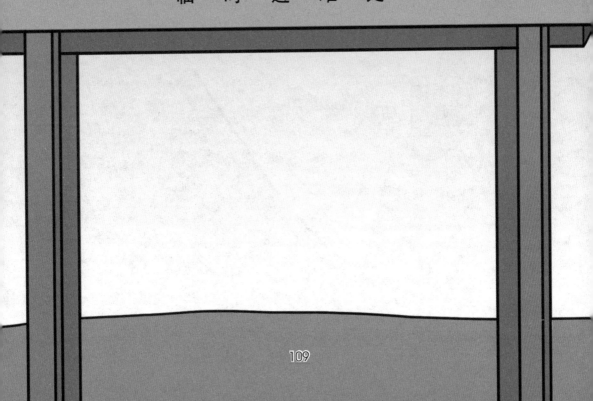

临 时 避 难 处

发生泥石流后的注意事项

不要闯入已经发生泥石流的地区找寻损失的财物。

不要在泥石流危险期还没有结束就回到发生泥石流的地区居住，以免再次遭遇危险。

当泥石流结束后，在确认自家房屋远离泥石流区域并确认安全后，再进入居住。

参与营救遇险者时应注意什么

以先救人、后救物为第一原则。

参与营救的人应从泥石流掩埋体的侧面进行挖掘，切忌从泥石流流体的下缘挖掘，因为这样会使泥石流流体下滑。

参与营救时要一视同仁，不可只顾营救自家人而不顾别人。

灾害发生后的饮食问题

泥石流来临时，挟带着大量的泥沙、石块以及其他固体物质，很容易污染附近的水源。此时切忌饮用被污染的水，可收集雨水饮用或采山上的野果充饥、解渴。

如果食物不足，要有计划地适量进食，以维持生命，等待救援。

泥石流过后，如何面对完好的房屋

泥石流结束后，不要贸然回到原来的房屋居住，不要在没有进行仔细检查的情况下进入房屋，以免发生危险。

在重新入住之前，应注意检查屋内水、电、煤气等设施是否损坏，管道、电线等是否发生破裂或折断。如发现故障，应立刻拨打报修电话。

抢救遇险人员"八戒"

泥石流发生后，难免会有遇险人员，如果在医生到来之前或送医院之前采取必要的急救措施，就有可能增加生存的机会。急救时应该注意以下几点。

一戒惊慌失措。遇事慌张，于事无补，反而会耽搁抢救的时间，或增加遇险人员的恐惧感，导致救援工作不能顺利进行。

二戒因小失大。当遇到急重遇险人员时，首先应着眼于有无生命活动体征，是否有心跳和呼吸，瞳孔是否散大。如果遇险者心跳停止、呼吸停止，则应马上对其做口对口人工呼吸和胸外心脏按压。

三戒随意搬动。宁可原地救治，也不要随意搬动，特别是骨折、颅脑外伤等病人更忌搬动。

四戒舍近就远。抢救伤员时，时间就是生命，应该就近找医生治疗。不到万不得已，不要急着送医院，特别是当伤员心跳、呼吸濒临停止时。

五戒乱用药。把遇险人员从掩埋物体中挖救出来时，如果不清楚其哪里受伤了，不可乱用药，最好找救援的医生参与救治。

六戒乱喝饮料。有人认为给遇险人员喝点热茶会缓解疼痛，实际上毫无必要。在条件简陋，不能及时救治的情况下，可以根据情况需要先给受困人员补充一点水分。

七戒一律平卧。遇险人员采用什么体位来躺卧，应根据遇险人员的具体情况来决定。如失去意识的伤员可让其平卧，头偏向一侧；心脏性喘息者可让其坐着，略靠在椅子上；急性腹痛者可让其屈膝，以减轻疼痛。

八戒自作主张乱处理。如腹部内脏受伤脱出，应用干净纱布覆盖，以免引发感染，然后尽快找医生救治；小而深的伤口切忌草率包扎，以免引起破伤风。

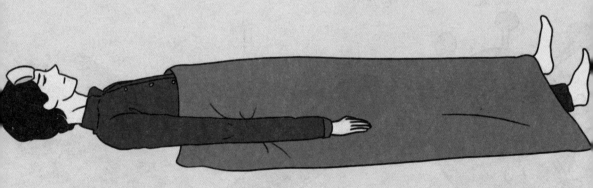

3.泥石流灾后的防疫工作

泥石流常常摧毁并淹没沿途的房屋、牲畜及杂物，其活动结束后，对相关地区进行清理、消毒，做好卫生防疫工作非常有必要，以防止流行病的发生和传播。

灾后易发疾病

泥石流灾害发生后，容易引发呼吸道传染病和肠道传染病。呼吸道传染病主要包括感冒、结核病、流脑等，肠道传染病主要有肠炎和痢疾等。灾害发生后，受灾群众居住的地方卫生环境差和水源污染，常引起呼吸道疾病和肠道疾病。

除了呼吸道传染病和肠道传染病外，泥石流灾害发生后，还容易引发急性出血性结膜炎，也叫"红眼病"。由于人员接触频繁，同时一些受灾群众为了节省饮水，往往几个人共用一盆水洗脸或共用一条毛巾，很容易引起红眼病的爆发。

灾害期间，还容易引发皮肤病，如浸渍性皮炎、虫咬性皮炎、尾蚴性皮炎等。

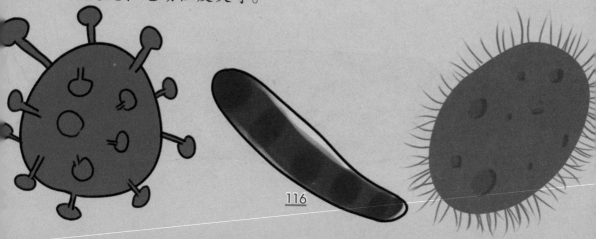

灾后传染病易流行的原因

（1）传染源普遍存在，控制难度加大。传染源如患传染病尚在传染期的病人、人群中携带病原体的人、患人畜共患病的动物、携带病原体的动物等，以及在水域、土壤中存活的腐生性病原体等，也可使人致病。泥石流灾害过后，灾区地理环境发生骤变，人和家畜等动物尸体可能被埋在地下，腐烂后污染环境和空气。如果灾区气温逐渐升高，更适宜病原微生物的大量繁殖，如果遇雨水冲刷，会导致病原微生物污染面扩大，加大传染源控制难度。

（2）人群免疫力普遍下降。泥石流灾害发生后，生活环境和自然环境都遭到严重的破坏，人们的生活在瞬间发生巨大变化，原有的衣食住行、医疗保健等条件顷刻消失，灾民遭受巨大的生理和心理打击，生活条件相对较差，造成免疫力下降，传染病易感性增加。

（3）人员流动频繁。灾民和救援人员几乎都生活在临时搭建的帐篷中，灾民安置密集，大量救援人员进入灾区，增加了传染性疾病传播的危险。

（4）灾区基础设施破坏严重。泥石流灾害后，供水设施、医疗机构破坏严重。各种救援可能存在遗漏或不及时的情况，临时安置点缺少加热食物的器具和条件，部分灾民可能存在饮用来源不安全的水的危险，易导致传染病的发生甚至爆发。

易发疾病预防

预防呼吸道传染病应注意以下几点。

（1）随时戴口罩。

（2）勤洗手，洗手时使用肥皂或洗手液并使用流动水，不要用污浊的毛巾擦手；打喷嚏或咳嗽时，应用手帕或纸巾掩住口鼻；双手接触呼吸道分泌物后（如打喷嚏后）要立即洗手。

（3）均衡饮食，充足休息，避免过度疲劳，增强免疫力。

（4）人群聚集地要尽可能地多通风，保持空气新鲜。

（5）密切监测疫情，如果发现局部流行，要立即采取相应措施。

预防肠道疾病要注意以下几点。

（1）防止"病从口入"，不喝生水，食物尽量煮熟再吃，不吃不干净和变质的食物。

（2）要及时发现、诊断、治疗和隔离肠道传染病人。

（3）要搞好环境卫生，经常清扫，建立并管好厕所，不要随地大小便，粪便和垃圾定时清理，消灭蚊蝇孳生场所，病人的粪便和呕吐物最好加入漂白处理。

（4）淹死、病死的禽畜不能食用，要掩埋或焚烧。

做好卫生防疫工作

泥石流发生后，除了严密监控疫情动态外，做好卫生防疫工作是关键。

（1）做好病区消毒。消毒剂要集中供应、配制和分发，安排专人负责组织实施。要选用合格的消毒剂，按说明书中的使用方法操作。

（2）做好尸体处理。泥石流灾害后，遇难的人、畜尸体会迅速腐烂，除了严重污染当地坏境外，还会威胁人们的身体健康。务必要将尸体置于大塑料袋内扎好，用专用卡车送到指定地点深埋或焚烧。注意要穿防护服或隔离衣。

（3）注意临时性水源的卫生。尽量不取用河水、湖水和池塘水等地表水作为临时性饮用水源。泥石流流经地区淹没的水井，灾后不可直接饮用。要清理水井，包括抽干井水，清除淤泥，冲洗井壁、井底，再掏尽污水。待水井自然渗水到正常水位，进行消毒后再取用。要对水井进行水源防护，应有井台、井栏、井盖，井周围30米内保证没有厕所。

（4）注意饮用水卫生。不喝生水，尽量将水烧开后再喝或喝符合卫生标准的瓶装水、桶装水。装水的缸、桶、锅、盆等必须保持清洁，要经常倒空清洗。浑浊度大、污染严重的水，必须进行严格的消毒处理后方可饮用。

（5）尽量不吃水浸泡过的食物。不吃被水浸泡、霉烂变质的粮食，不吃受水浸的已经加工成米、面粉等的粮食制品。没有受到污染且未变质的受水浸的冷藏、腌藏、干藏的畜禽肉和鱼虾，可经清洗后及时食用，不应继续贮存。受水浸的叶菜类和根茎类农产品，可用清水反复浸洗多次后食用。

（6）自行烹饪食物时注意卫生安全。生熟食品要分开制作和放置，制作时不要共用案板、刀具和盛放容器；制作食品要烧熟煮透，饭菜应现吃现做，做后尽快食用，剩余饭菜要及时冷藏，食用前要确保没有变质，然后经彻底加热后再食用；盛装食物的炊具、餐具和碗筷等要彻底清洗和消毒后存放。

（7）加强食品卫生管理。为了防止发生食物中毒和肠道传染病，食品卫生检验机构也要抓好食品的运输、验收、储存、发放、食用等环节。

（8）注意环境卫生。灾害发生后，应消除住所外的污泥，垫上砂石或新土；将家具清洗后再搬入居室；整修厕所，修补禽畜圈。不要随地大小便，粪便、排泄物和垃圾要排放在指定区域。做好居住环境的卫生清理，减少蚊蝇的滋生。

（9）加强家畜的管理。猪要圈养，猪粪等要发酵后再施用。管好猫、狗等家禽动物。家畜、家禽圈棚要经常喷洒灭蚊药；栏内的禽畜粪便也要及时清理。

（10）卫生厕所和粪便无害化处理。灾区群众应尽量使用卫生厕所。兴建卫生厕所时距安置点最近不少于10米，要尽量远离临时水源；厕所要建在当地主导风的下风口处。在没有卫生厕所的区域，可将粪便收集起来，采用高温堆肥或脱水干燥的方式进行处理，在应急状态下可采用漂白粉或生石灰搅拌的方法进行粪便无害化处理。

（11）注意个人卫生，加强自我防护。饭前和便后要洗手，加工食品前要洗手，天气炎热时预防中暑，温差较大时注意及时增减衣物保暖。灾区居民如果感觉身体不适，特别是有发热、腹泻、咳嗽、咳痰或咽痛等症状时，要及时找医生诊治。避免蚊虫叮咬，帐篷中可使用蚊香，帐篷外可燃点干燥的野艾烟熏，夜间外出时应在身体裸露部位涂驱避剂，不要在室外环境坐、卧；尽量避免和猫、狗等动物接触。

（12）防虫防鼠。灾后蚊蝇密度会大幅上升，要清理环境，消除蚊蝇孳生地，用杀虫剂进行室内外杀虫；当发现老鼠异常增多的情况，要及时向当地有关部门报告，可用正规厂家生产的药剂来灭鼠。保持居住的地方和附近整洁干燥。

（13）注意心理健康。保持积极的心理状态，保持良好的生活规律。

（14）关注特殊人群护理。为老、弱、病人尽量营造好一点的生活和居住环境。

（15）做好预防接种工作。根据当地疫情、过去接种疫苗情况及人群免疫情况，进行普种或补种相应的疫苗。

4.泥石流灾害后如何进行心理救助

经历过泥石流灾害的人，或多或少都会出现一些心理问题，其情绪反应主要有恐惧、无助、悲伤、思念、失眠、焦虑、缺乏安全感等。如果出现以上情绪反应，可以从以下几方面进行心理疏导。

如何进行心理自救

承认现实。不幸已经发生，既然已经无法挽回，就该宽慰自己、承认现实，这样会比垂头丧气、痛不欲生好得多。

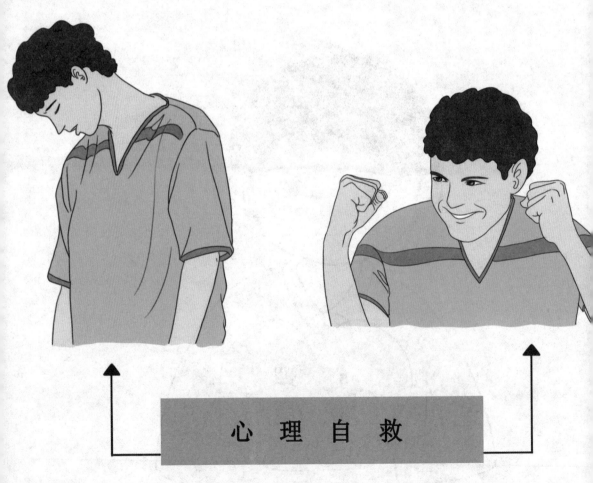

心 理 自 救

适度宣泄。选择合适的方式来宣泄心中的苦痛，如对自己的至亲好友诉说心中的委屈和痛苦；或者诉诸文字，用文字记录心中的感受；或是干脆在适当场合大哭一场，这也是陷入极度心理困境的最佳自救策略。

　　及时交流。受害者应多多与亲友待在一起，和亲友、同事交流心中的感受，他们能为你提供良好的心理支持。

　　转换视角。在审视、思考、评价某一客观现实情境时，学会转换视角，换个角度看问题，或许就能淡化消极情绪。

　　升华痛苦。创伤和挫折常给人带来心理上的压抑和焦虑，如果一味地颓废绝望，其实是用已经发生的不幸在心理上惩罚自己。善于心理自救者，应学会将消极情绪转化为积极情绪，化悲伤为动力，将不良情绪升华为一种力量，投入到对己、对人、对社会都有利的事情中去，在获得成功的满足时，也消除了压抑和焦虑情绪。

家长如何帮助孩子找回控制感和安全感

让孩子知道害怕、恐惧或悲伤等情绪都是正常的心理反应。

多花些时间陪伴在孩子身边。

将孩子安置在安全、稳定的地方。

话语温和，不要责骂孩子，可以和孩子拥抱、亲吻、握手。

帮助孩子建立自己应对灾难或意外的概念。

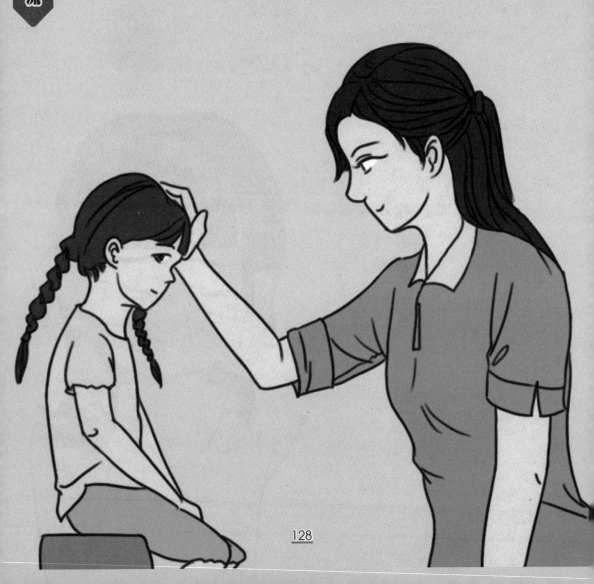

第七章
泥石流灾害事件纪实

近年来，我们时常在新闻媒体中看到或听到有关泥石流的报道，泥石流灾害的频繁发生，给我国山区人民带来深重的灾难。在这一章中，我们挑选了一些较为典型的泥石流案例，与大家一起回顾那些令人惊心动魄的时刻。

记住灾难，方能总结经验、吸取教训。这样，当我们有一天突然遭遇泥石流时，才能多一份镇定，多一些逃生的技能。

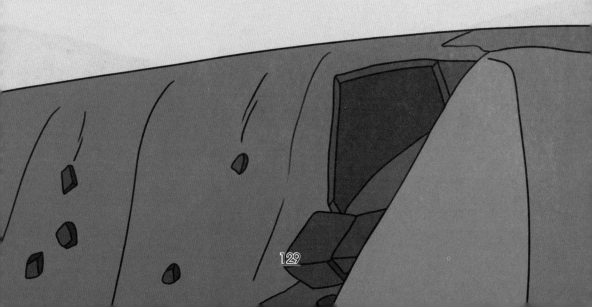

1.四川省大渡河利子依达沟泥石流

1981年7月9日凌晨1时30分，四川大渡河南岸利子依达沟暴发特大泥石流。

泥石流流体冲毁了成昆铁路尼日车站北侧跨越利子依达沟口的利子依达大桥，并在几分钟内堵塞大渡河干流。大渡河断流4小时后，泥石流大坝溃决。

1时46分，由格里坪开往成都的422次直快列车满载着1 000余名旅客，以每小时40余千米的速度在桥位南侧的奶奶包隧道口与泥石流遭遇，列车车头和前几节车厢翻入大渡河。

经事后统计，此次灾难造成300余人死亡、146人受伤，成昆铁路瘫痪372小时，直接经济损失2 000余万元，是世界铁路史上迄今为止由泥石流灾害导致的最严重的列车事故。

在列车与泥石流遭遇时，机车司机在最后关头扳下了紧急刹车的大闸，并在生命的最后几秒钟里连连拉响风笛，大大减轻了灾害造成的损失。

2.四川贡嘎山—海螺沟特大泥石流

四川贡嘎山—海螺沟冰川森林公园位于大渡河上游，是我国著名的风景旅游区。这里有美丽的冰川、莽莽的原始森林和热气氤氲的温泉，吸引着大量国内外游客到此观赏。

然而，泥石流的魔爪却在悄悄伸向旅游景区。2005年7月11日，一场特大规模的泥石流在景区内的磨西河流域发生了。泥石流疯狂肆掠，冲毁房屋、公路、桥梁，致使1 200余名游客在景区受阻，当地群众3 000多人受灾。泥石流还毁坏和淤埋多座水电站、输电线路、农田、自来水管、水渠等各种设施，导致灾区交通中断、停水、停电等，道路和桥梁的破坏严重阻碍了抢险救灾工作的开展。

此外，沿磨西河顺势而下的泥石流流体在汇入大渡河处形成巨大的泥石流堆积扇，并堵断汹涌澎湃的大渡河，在磨西河河口以上的大渡河河段形成长达数公里的临时水库，积蓄了大量水体。随后，堵河的泥石流流体被大渡河水冲决，又造成对岸沿河400余米的省道被彻底冲毁，中断交通近半年。泥石流在大渡河形成长达数千米的泥沙淤积，对下游的水电站安全运行也造成了威胁。

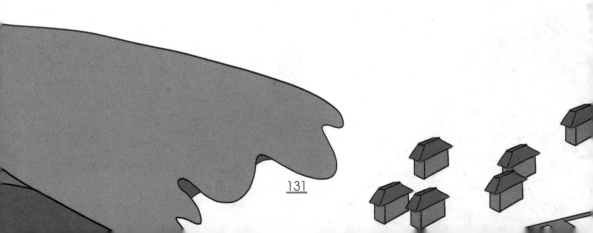

131

3.云南省九个州市滑坡泥石流

2008年10月下旬以来，云南连降大雨，境内多处发生洪涝灾害和大型泥石流。

截至11月3日22点，滑坡泥石流灾害已经造成云南省楚雄、昆明、临沧、红河、大理、玉溪、保山、邵通、德宏九个州市107.6万人受灾，死亡35人，失踪47人，受伤9人，紧急转移安置受灾群众4.51万人。

灾害还造成道路、水库、通信、电力等设施严重受损。其中公路塌方231.36万立方米，毁坏公路130条1 733千米，毁坏桥涵63座；小（一）型水库受损1座，小（二）型水库受损7座，小坝塘受损69座，沟渠损坏55条177千米；通信线路受损2条68千米，电力线路受损4条51.1千米。

4.四川省阿坝藏族羌族自治州小金县泥石流

　　阿坝藏族羌族自治州小金县地处青藏高原东部边缘、邛崃山脉西侧、夹金山北侧与西北侧。山脉呈南北和北东走向，构成岷江与大渡河及青衣江水系分水岭。地形复杂，万山丛蠢，千峰峭立，山川并列，沟谷纵横，切割深重，褶皱强烈。北部虹桥山海拔5 200米，东部四姑娘山高达6 250米，一般高山脊达4 500米。河谷地区多在3 000米以下，垂直距离为1 500～2 500米。全县坡度15°以下的缓坡与平坦地仅占总面积的41%，是典型的干旱河谷，在雨季或暴雨天气很容易引发泥石流。

　　2009年7月17日凌晨1时50分，受连续强降雨影响，四川省阿坝藏族羌族自治州小金县汗牛乡足木村热希沟突发泥石流灾害，造成江西省对口援建小金县的"美汗路"C标段4名施工人员死亡、1名施工人员失踪，小金县汗牛乡、窝底乡、潘安乡的农业、交通、电力、通信等方面不同程度受灾，直接经济损失达1 686万元。

　　灾情发生后，阿坝藏族羌族自治州委、州政府迅速做出安排部署。各县紧急行动，立即组织应急、安监、国土资源、水利、交通、规划建设等部门，对辖区内的建筑施工、道路交通、水电开发等各类灾害隐患点开展排查整治，尤其加强了面向对口援建单位的指导和服务。一是进一步密切沟通联系机制，及时将灾害预警信息传递到援建方；二是加强向援建方普及符合山区特点的灾害防御知识，增强援建人员的避险能力；三是对临山、临河以及存在隐患的施工工棚、建材、机械、砂石等进行了安全转移，确保人员安全、工程安全。

5.四川康定县泥石流

2009年7月23日凌晨1时许，四川康定县普降大到暴雨，两小时降雨量达56.1毫米。

凌晨2时57分，暴雨致使舍联乡干沟村响水沟（省道211线225K处）发生特大泥石流灾害，冲毁响水沟大渡河切口处的长河坝水电站建设施工单位营地，形成长约500米、最大宽度约500米、平均堆积厚度约5米、总体积约40万立方米的堆积扇（成分泥石混杂，最大的一块孤石长12米、宽5米、厚3米，体积约180立方米），并致使大渡河一度堵塞，出现了堰塞湖险情。

此次灾害共造成18人死亡，36人失踪，4人受伤，141人被困；省道211线多处中断，3 000米道路被淹没，1 500米道路被冲毁；136间工棚、32台车辆、61台机具、80台设备被毁，冲走各类建筑物资1 400吨。估算直接经济损失达8 000余万元。

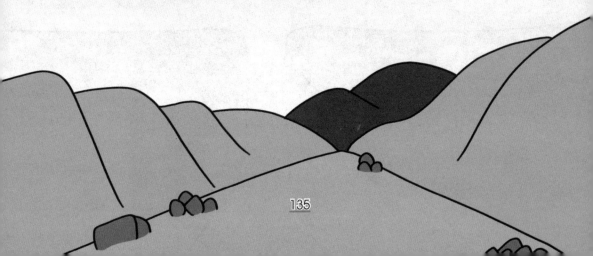

造成此次灾害发生的主要原因是：

（1）康定县是2008年"5·12"汶川特大地震四川省政府确定的省定地震重灾县，地震活动强烈的鲜水河断裂带横穿康定县域。山体被多期构造结构面切割，岩体破碎，加之汶川特大地震的影响，斜坡松动，稳定性变差，在沟谷内堆积了大量的松散物资，具备了形成泥石流的物源条件。

（2）大渡河康定段为干热河谷，历史上日最大降雨量72.3毫米。本次引发泥石流的两小时过程降雨量达56.1毫米，具备了激发大规模泥石流的水源条件。

（3）响水沟属大渡河支流，长约14.3千米，流域面积约51.9平方千米。沟道坡度大，沟谷源头和沟口高程差3500米，具备了便于集水集物的地形地貌。

6.甘肃省舟曲特大泥石流

　　舟曲县位于甘肃省东南部的白龙江中上游，东、北与陇南地区的武都、宕昌县为邻，南与陇南地区的文县、四川省南坪县接壤，西与本州迭部县毗连。境内多高山深谷，气候垂直变化十分明显，半山河川地带温暖湿润。海拔在1173～4505米，年降水量400～900毫米。

　　2010年8月7日22时左右，舟曲县城区突降强降雨，降雨量达97毫米，持续40多分钟，引发三眼峪、罗家峪等四条沟系特大山洪地质灾害。泥石流长约5千米，平均宽度300米，平均厚度5米，总体积750万立方米，造成沿河房屋被冲毁，并阻断白龙江，形成堰塞湖。这场泥石流造成县城一半被淹没，一个村庄整体被没过。受灾人数约2万人，其中死亡1481人，失踪284人，受伤2315人。

造成这场灾害发生的原因，主要包括以下几个方面：

（1）地质地貌原因。舟曲是全国滑坡、泥石流、地震三大地质灾害多发区，周边一带是秦岭西部的褶皱带，山体分化，破碎严重，大部分属于炭灰夹杂的土质，非常容易形成地质灾害。

（2）"5·12"地震震松了山体。舟曲是"5·12"地震的重灾区之一，地震导致舟曲的山体松动，极易垮塌，而山体要恢复到震前水平至少需要3~5年时间。

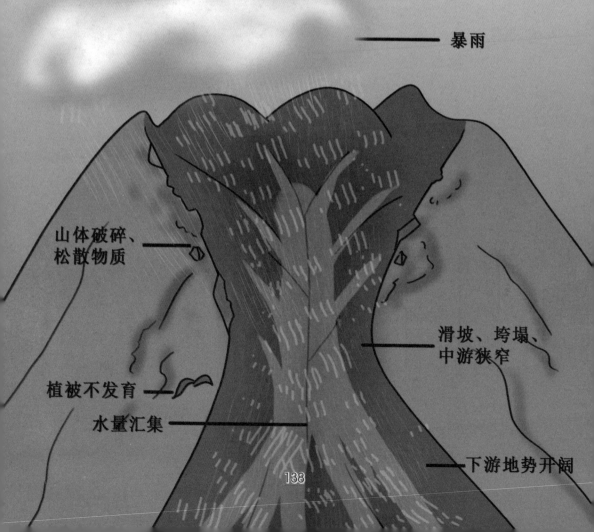

暴雨

山体破碎、松散物质

滑坡、垮塌、中游狭窄

植被不发育

水量汇集

下游地势开阔

（3）气象原因。国内大部分地方遭遇严重干旱，使得岩体、土体收缩，裂缝暴露出来，遇到强降雨，雨水容易进入山缝隙，形成地质灾害。

（4）瞬时的暴雨和强降雨。由于岩体产生裂缝，瞬时的暴雨和强降雨深入岩体深部，对原本松散易垮的山体、岩体形成浸泡和巨大冲击，这也是此次泥石流灾害的直接诱因。

（5）地质灾害自由的特征。地质灾害隐蔽性、突发性、破坏性强，难以排查出来，这也是此次泥石流造成重大人员伤亡和财产损失的一个重要原因。

除了自然原因的影响外，还有人为因素影响。舟曲泥石流受灾严重的三眼峪排洪沟上游正在修建拦洪坝，灾害发生前，包括4座拦洪坝在内的工程尚未完工。泥石流灾害发生后，工程终止。而4座拦洪坝中的1号坝，在其残体内部堆着石块、沙砾，稍微用些力便可徒手抽出石块。灾害发生时，这些工程不仅没有发挥作用，反而还产生了不利影响。

7.四川省绵竹市清平乡泥石流

　　清平乡位于绵竹市西北部龙门山中高山山区，地处汶川特大地震极震区，区域构造上属四川盆地西北部的龙门山推覆构造带前缘。清平—白云山活动断裂通过该区，地质构造作用强烈，断裂发育。岩层多陡倾、直立乃至倒转，裂隙发育，岩体破碎。受特殊地形、地质条件影响，清平乡在汶川地震前地质灾害就极为发育，共查明地质灾害隐患44处。汶川特大地震对该乡的影响极为显著，地震后新增地质灾害隐患71处。

　　2010年8月12日下午6时左右，清平乡开始降雨，雨量非常大。山洪泥石流大约在12日晚11点45分开始暴发，到13日凌晨1点，规模达到最大。凌晨2点半左右，老大桥被堵塞，造成山洪泥石流改道漫流，形成次生灾害，淹没清平乡场镇上的学校、加油站及安置房。

　　初步统计，此次灾害造成9人死亡，3人失踪。其中，文家沟泥石流造成5人死亡，1人失踪；烂泥沟泥石流造成3人死亡，2人失踪；娃娃沟造成1人死亡，379户农房被掩埋。绵竹至茂县公路全面中断，桥梁被毁，学校被淹，直接经济损失约4.3亿元。

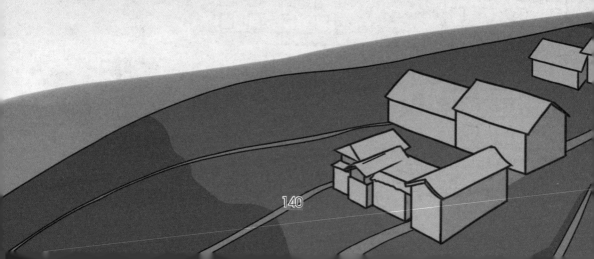

这次特大灾害共有11条沟发生山洪泥石流。其中，尤以清平乡场镇北的文家沟、走马岭沟、罗家沟和娃娃沟四条山洪泥石流沟最为严重。

文家沟泥石流沟由主沟和2条支沟组成。整个沟谷汇水面积7.81平方千米，主沟长3.25千米，沟内固体物质丰富。8月13日，泥石流冲出量高达450万立方米。18至19日，该地再次遭受特大暴雨，泥石流冲出30万立方米，并堵塞河道，形成堰塞湖。

走马岭沟泥石流沟由主沟和3条支沟组成。整个沟谷汇水面积7.44平方千米，主沟长3.93千米，本次泥石流冲出量高达100万立方米。

罗家沟泥石流沟沟谷汇水面积1.6平方千米，主沟长1.6千米，本次泥石流冲出量高达10万立方米。

娃娃沟泥石流沟是新发泥石流沟，汇水面积0.64平方千米，沟长1.63千米，本次泥石流冲出量高达2万立方米。

这些山洪泥石流在清平乡附近形成了600万立方米堆积，最大厚度达13米多，覆盖面积120万平方米左右。

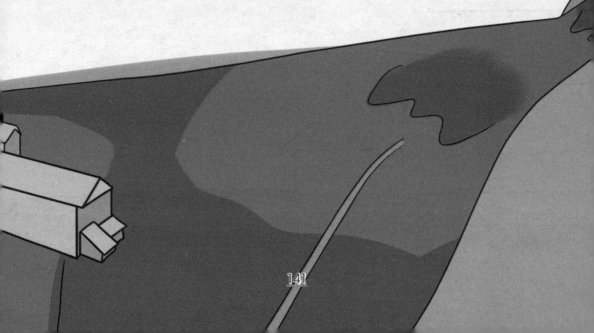

8. 湖北省神农架泥石流

　　神农架林区位于湖北省西部边陲，东与湖北省保康县接壤，西与重庆市巫山县毗邻，南依兴山、巴东而濒三峡，北倚房县、竹山且近武当，总面积3253平方千米，辖4镇4乡和1个林业管理局、1个国家级自然保护区。

　　神农架山脉呈东西方向延伸，山体由南向北逐渐降低。山峰多在海拔1500米以上，其中海拔2500米以上的山峰有20多座。最高峰神农顶海拔3105.4米，为"华中第一峰"。西南部石柱河海拔398米，是神农架的最低点。最高点与最低点的相对高差为2707.4米。

　　2011年8月22日凌晨至上午10时，该地持续降雨，平均降雨量90.1毫米，其中木鱼镇红花村达154.7毫米。暴雨导致木鱼镇多处出现泥石流、滑坡塌方等地质灾害，209国道神农架林区与兴山交界处三堆河至木鱼段，多处遭泥石流冲击引发山体滑坡，多处道路受堵，涵洞受损，房屋倒塌，农田损毁，桥梁受损。

泥石流灾害导致木鱼中心小学后山坡发生大面积滑坡，学校围墙损毁约200米。据统计，灾害导致全区倒塌房屋103间，损坏房屋370余间，损毁公路184千米，水毁河堤200米，农作物受灾面积10 380亩，受灾人口14 500余人。工农业经济损失376万元，交通损失4 870万元。灾害没有造成人员伤亡。

灾害发生后，林区党委、政府高度重视，迅速启动应急响应。区党委书记、区长对抗灾救灾工作提出了明确要求，副区长、防汛指挥部副指挥长率防汛办、水利、交通、教育、民政、电力、消防、武警等相关部门负责人在第一时间赶赴现场指挥抢险救灾工作，察看受灾情况，并召开专题会议，制定抢险措施，落实工作部署。

此次泥石流灾害破坏性强、受灾面广，灾情急、损失大，是2010年来最大的一次。

9.贵州凯里舟溪镇特大暴雨引发泥石流

凯里市位于贵州省东南部、黔东南苗族侗族自治州西北部，为自治州首府所在地。该市东接台江、雷山两县，南抵麻江、丹寨两县，西部福泉县，北界黄平县。

凯里有清水江、重安江、巴拉河等大小河溪153条，其中长10千米以上、集雨面积20平方千米以上的中等河流13条，有溪沟35条，河流径流总量39.89亿立方米。

2012年6月9日晚至10日凌晨，凯里市舟溪镇出现特大暴雨，降雨量达280毫米，引发泥石流、山体滑坡、塌方等地质灾害。

根据民政、农业等部门统计，灾害造成3人死亡、7人受伤，19个村4 736户1.9万人受灾，9 000余亩农作物受灾，400余间房屋受损或垮塌，多条道路、饮水管网、水渠等受损。

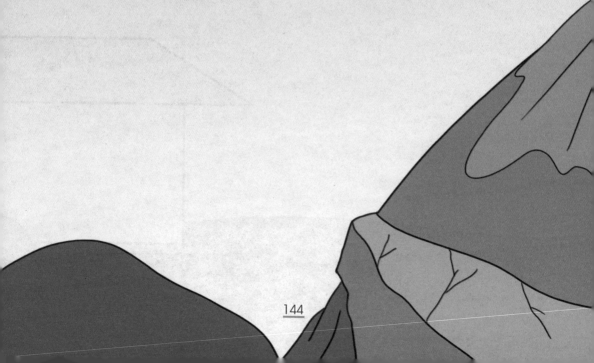

10.四川省宁南县泥石流

宁南县地处横断山区边缘，位于四川凉山彝族自治州南部东侧，县境由北至东为大凉山余脉，西及西南为鲁南山东坡。县内地势西北高、东南低，最高峰为西部的贝母山峰，海拔3919米；最低处在金沙江畔与布拖县交界的依补河口，海拔585米，相对高差达3334米。

宁南的地形有平坝、台地、低山、低中山、中山和山原6种类型，其中平坝占0.7%，台地占1.4%，低山占6%，低中山占67.5%，中山占23%，山原占0.9%。宁南县城所在地是县内最大的山间盆地，面积约10平方千米。

宁南县东临金沙江，其水域属金沙江水系，主要河流有黑水河和金沙江。另有13条山溪，分别是龙洞河、三岔河、小河、老木河、俱乐河、银厂沟、野碧沟、碧迹河、支鲁沟、骑骡沟、瓜达沟、依补河、大同白水河。

2012年6月21日夜间，宁南县遭受暴雨袭击，竹寿镇和县城区域两小时降雨量达90毫米，导致部分乡镇不同程度发生滑坡、泥石流地质灾害。

6月22日12时，全县已有7个乡镇的1 200户农户5 128人受灾。84间农房成为危房，其中倒塌21间。农作物受灾面积2 180亩，成灾面积1 562亩，绝收面积384亩，经果林受灾30亩。损毁灌溉沟渠8.5千米、乡村公路5.7千米，所幸未发生人员伤亡。

本次泥石流灾害造成直接经济损失500万元以上。其中，竹寿镇长征村受灾严重。该村2组、6组、7组因山体滑坡，有13户农户52人受灾，冲毁水稻田60亩、山地80亩、果园30亩，共有23只羊和4头生猪被埋。长征村2组有3户农户房屋被冲毁，6组有3户农户房屋垮塌。

6月27日20时至28日7时20分，位于凉山州宁南县的三峡公司白鹤滩水电站施工区内发生强降雨，降雨量达236.8毫米，导致施工区矮子沟处发生特大山洪泥石流灾害，初步核查有38人失踪、3人遇难。

宁南县宣传部负责人介绍说，矮子沟沟长13千米，泥石流在中上游启动，中下游汇流。失踪和遇难者是租住在矮子沟沟口一栋三层民居楼房内的水电四局施工人员及其家属和民工。

造成这次灾害的主要原因是由于局地强降雨导致饱水土体发生崩滑，局部堵塞沟道，溃决形成的瞬间较大洪流侵蚀斜坡及沟谷松散体。

据有关部门调查，矮子沟主沟长约19.55千米，流域面积65.55平方千米。该沟植被较茂密，两岸坡体未产生过较明显变形位移，沟床堆积物分布广但厚度不大。沟道位于干热河谷地带，年均降雨量在700~800毫米左右，长年水流很小，表现为近干沟状态。

该流域在2012年初经历了近百天的极端干旱天气，在斜坡土体表面形成大量的地表裂缝。灾害发生前，又经历了10余天持续降雨过程，降水从地表裂缝入渗坡体，导致斜坡饱水，稳定性变差。6月27日至28日，沟域内又发生局地强降雨，9小时内降雨量近75毫米，导致饱水土体发生崩滑。

11.云南永平里海冲遭遇洪涝泥石流

　　永平县位于大理白族自治州西部，东邻漾濞和巍山，南靠昌宁，西接保山，北连云龙。地形地貌独特，立体气候特征明显。永平境内山高谷深，山川河流交错，较大山脉有博南山和云台山两大山系。最高点为青龙神山，海拔2933米；最低点为鱼坝坪坦，海拔1130米；县城中心海拔为1620米。县内主要河流银江河由西北向东南横穿县境，银江河之东、顺濞河以西是云台山，银江河之西、澜沧江以东是博南山，形成"三河夹两山"，高山、河、谷、坝子纵横交错的独特地貌。

由于连日降雨，2013年7月23日12时30分，永平县博南镇桃新村里海冲自然村发生洪涝泥石流灾害，造成104户农户受灾，其中房屋受损41户，倒塌5户9间，围墙倒塌100米；农作物受灾630亩，经济作物烤烟受灾35亩，核桃受灾1 502株；进村主干道中断，轻伤2人。直接经济损失达360万元。

　　灾害发生后，永平县立即启动应急预案，县委、县政府负责人第一时间赶赴现场，指导抢险救灾工作。同时成立灾情核查、受灾群众安置、淤泥清理、临时救助、医疗卫生、治安维稳6个小组，迅速开展各项抢险救灾工作。

　　截至7月25日10时，灾区已通水、通电、通路，受灾农户基本生活得到有效保障，各项救灾及生产自救等工作有序进行。

12.云南省芒市芒海镇泥石流

芒海镇位于云南省德宏傣族景颇族自治州芒市南部边沿，东邻勐嘎镇，西北与遮放镇相邻，南与缅甸勐古接壤，是低山、山地河谷地区，年降雨量1 650毫米。

2014年7月21日凌晨6点，芒海镇吕尹村委会户娜村民小组发生泥石流灾害。到18点15分，灾害已造成13人死亡、7人失踪、7人受伤，紧急转移安置群众427人，倒塌房屋61间，损坏房屋430间，道路损毁多条，造成直接经济损失达6 139万元。

灾害发生后，云南省委领导立即要求省级有关部门派出工作组赶赴灾区指导救灾。要求全力搜救失踪人员，全力救治受伤群众，尽最大努力减少人员伤亡；做好受灾群众安置和避险排危；气象、国土等部门密切监测天气变化，加强监测预警，防止发生次生灾害和二次灾害。

同时，德宏傣族景颇族自治州立即启动Ⅲ级应急响应，相关负责人组织有关部门前往芒海组织开展应急处置工作，迅速采取有效防范措施，以防止灾害扩大。

　　云南省国土资源厅副厅长、地质高级工程师李连举博士认为导致这次灾害的原因是当地特殊的地质状况造成的。

　　德宏傣族景颇族自治州80％的国土面积分布着大量的花岗岩和片麻岩，这两种岩石在当地亚热带的气候条件下极易被风化，而形成的风化层又比较深，有的风化土可达50米左右的厚度。当地雨量充沛，在这些风化土上，植被很容易发育。

　　汛期的大量降雨，使这类风化土容易水分饱和。在一些陡坡地带，饱和的土体碰到强降雨便造成土层滑落，形成滑坡泥石流，并且连树木等植被一同下滑沟底，形成阻塞，造成洪水淤积。一定程度下，便会暴发由洪水、树木、泥沙组成的复合型洪流。这种复合型洪流破坏性极大，树木、石块等又容易阻塞在涵洞、桥梁处，造成洪水改道，冲毁村庄和农田。

13.1999年委内瑞拉泥石流

1999年12月15日至16日，委内瑞拉北部阿维拉山区加勒比海沿岸的8个州连降特大暴雨，造成山体大面积滑塌，数十条沟谷同时暴发大规模的泥石流，大量房屋被冲毁，多处公路被毁，大片农田被淹。

据估计，该国有33.7万人受灾，14万人无家可归，死亡人数超过3万，经济损失高达100亿美元。这次灾害也成为20世纪以来最严重的泥石流灾害。

14. 2006年菲律宾泥石流

当地时间2006年2月17日清晨，遭受多日暴雨肆虐的菲律宾东部莱特岛圣伯纳德镇的山体豁开一道巨大缺口，泥浆裹着岩石向下倾泻，形成泥石流。

山脚下的重灾区吉恩萨贡村，方圆5~7平方千米的土地刹那间变成一个巨大泥潭，300多座房屋被埋没，村内1 800多人几乎全部遇难，幸存者只有20多人。